中华饮食
文化丛书

U0873741

浙菜

新东方烹饪教育 组编

中国人民大学出版社
· 北京 ·

图书在版编目（CIP）数据

浙菜 / 新东方烹饪教育组编. -- 北京 : 中国人民大学出版社，2025. 6. --ISBN 978-7-300-33743-2

Ⅰ. TS972.182.55

中国国家版本馆 CIP 数据核字第 2025ZF6744 号

中华饮食文化丛书

浙菜

新东方烹饪教育　组编

Zhecai

出版发行	中国人民大学出版社		
社　　址	北京中关村大街 31 号	**邮政编码**	100080
电　　话	010－62511242（总编室）		010－62511770（质管部）
	010－82501766（邮购部）		010－62514148（门市部）
	010－62511173（发行公司）		010－62515275（盗版举报）
网　　址	http://www.crup.com.cn		
经　　销	新华书店		
印　　刷	北京瑞禾彩色印刷有限公司		
开　　本	787 mm × 1092 mm　1/16	**版　　次**	2025 年 6 月第 1 版
印　　张	14	**印　　次**	2025 年 6 月第 1 次印刷
字　　数	230 000	**定　　价**	52.00 元

编写委员会

编委会主任：许绍兵

编委会副主任：金晓峰　吴　莉　姚忠琼

编委会成员（排名不分先后）：

汪巧林　罗现华　王允明　朱咸龙

柯国君　段寅寅　杨硕栋　陈小进

季旭科　丁富元　刘来所　周碧川

韩小江　姬浩飞　李家平　周卫东

张鹏程

前言

浙菜 ZHECAI

PREFACE

浙菜是中国最具特色的地方风味流派之一，由杭州、宁波、绍兴、温州地方风味菜系组成。追溯浙菜的历史，可至新石器时代和河姆渡文化时期，后经春秋战国、秦汉、唐宋、元明清时期的发展，浙菜风格已基本形成，成为一个风味特色浓郁的地方风味菜，与湘菜、鲁菜、川菜、粤菜、徽菜、闽菜、苏菜并称为中国八大菜系，赢得好口碑，红遍海内外。

近百年来，浙菜涌现出许多名店、名师、名菜，使其技艺特点更为突出。改革开放以后，浙菜与国内外的交流日益加深，各种新食材、新调料、新制法不断融入，涌现出许多新的味型、新的菜肴，形成了新的现代浙菜。

为了让烹饪爱好者和专业烹饪工作者进一步了解学习新浙菜，我们邀请了行业内多位一线浙菜烹饪大师及新东方烹饪院校优秀实操大师共同

编写了本书。书中收录了具有代表性浙菜中的凉菜、热菜、汤羹，既有传统浙菜，也有现代创新融合菜，便于学习者着重熟悉浙菜的不同风味，了解浙菜的起源与发展，掌握浙菜四大风味特色与技术要领、制作流程及成菜特点。本书不仅适合餐饮从业人员参考学习，也可以作为烹饪院校教材使用。

因编者水平有限，书中难免有疏漏之处，希望广大餐饮同行指正，以便我们不断改进，更好地服务读者。

目录

浙 ZHECAI 菜

CONTENTS

凉菜

热菜

传统经典菜

代表名菜

酒店流行菜

话说浙菜

一、浙菜文化

浙菜是中国八大菜系之一，也是中国传统饮食文化的代表之一。浙菜起源于新石器时代的河姆渡文化与良渚文化，经过越国先民的开拓积累，汉唐时期的成熟定型，宋元时期的繁荣和明清时期的发展，形成了具有独特风味和丰富品种的地方菜系。

浙菜富有江南特色，以清鲜、鲜嫩、鲜亮而闻名。浙菜不仅注重口感，也注重菜品的精致和美感。它采用多种烹饪方式，包括炒、炸、煮、蒸、烧等，灵活运用各种烹饪技巧，使菜品口感丰富多样。同时，浙菜也注重色、香、味的协调，以及菜品的营养搭配。浙菜以其独特的口味、精致的制作工艺和丰富的菜品种类而闻名。著名菜品包括龙井虾仁、西湖醋鱼、东坡肉等。这些菜品具有丰富的口感和独特的风味，如龙井虾仁以新鲜的虾仁和龙井茶的清香为主要特点，西湖醋鱼以鱼肉鲜嫩、醋汁香醇而闻名。

浙菜不仅是一种美食，更是一种文化的体现，蕴含着浙江人民的生活智慧、审美情趣和价值观念。浙菜的文化内涵主要体现在以下几个方面："西湖醋鱼"以山水为背景，体现了浙菜的山水文化，展现了浙江人民对大自然的热爱和赞美。"东坡肉"与苏东坡的诗词有着密切的联系，体现了浙菜的诗词文化，展现了浙江人民对诗词文化的传承和发扬。"龙井虾仁"以闻名遐迩的龙井茶为原料，体现了浙菜的茶文化，展现了浙江人民对茶文化的独特理解和运用。"八宝饭""年糕"等寓意着团圆、吉祥和幸福，体现了浙菜的民俗文化，展现了浙江人民对于美好生活的向往。

随着经济的发展和社会的进步，浙菜在国内外的影响力不断扩大。越来越多的浙菜馆在全国各地乃至世界各地开业，让更多人品尝到了浙菜的美味。同时，浙菜也在不断创新和发展，融合了现代的烹饪理念和技术，推出了许多新的菜品。浙菜文化是中国传统饮食文化的重要组成部分，具有丰富的内涵。它是浙江人民智慧的结晶和美食文化的瑰宝，值得我们去深入了解和品味。

二、浙菜特点

整体而言，浙菜具有四大特点：

1. 选料刻求细、特、鲜、嫩。取物的精华部分，使菜品达到新鲜上乘；选用特产，使菜品具有明显地方特色；选料讲究鲜活，使菜品保持味道纯正；时鲜为尚，使菜品食之清鲜脆爽。

2. 烹调擅长炒、炸、烩、熘、蒸、烧等。浙江厨师烹制江鲜、海鲜有其独到之处，适应了江南人民清淡鲜嫩的饮食习惯。烹制鱼时，多以过水处理，突出鱼的鲜嫩味美之特点。例如，传统菜西湖醋鱼，活鱼现杀，经沸水汆熟，软熘而成，不加任何油腥，滑嫩鲜美。

3. 注重清、鲜、脆、嫩，保持主料本色和真味。浙菜多以四季鲜笋、火腿、冬菇和绿叶菜为辅佐，十分讲究用绍酒、葱、姜、糖、醋调味，去腥解腻，吊鲜提香。口味注重清鲜、脆嫩，保持原料的本色和真味。

4. 形态精巧、细腻、清秀雅丽。优美的造型与精良的食材、精湛的烹调手艺相得益彰，体现中华美食的独特魅力。

三、常用烹调技法

浙菜常用的烹调方法有三十余类，因料施技，注重主配料味的配合，口味富有变化，其中以炒、炸、烩、熘、蒸、烧 6 类为擅长。

1. 炒，以滑炒见长，要求快速成菜，成品质地滑嫩，薄油轻芡，清爽鲜美不腻。

2. 炸，菜品外酥里嫩，力求嫩滑醇鲜，火候恰到好处，以包裹炸、卷炸见长。

3. 烩，烩的技法所制作的菜肴，菜鲜嫩，汤汁浓醇。

4. 熘，熘的技法所制作的菜品讲究火候，注重配料，主料多需鲜嫩，突出原料的鲜美纯正之味。

5. 蒸，讲究配料和烹制火候，主料鲜、嫩。

6. 烧，烧的技法所烹制的菜品，以火候见长，原料要求焖酥入味，浓香适口。

四、传统经典菜

浙菜以其鲜明的江南特色、悠久的历史渊源、丰富的流派与特点、精湛的烹饪技法与调味以及众多的代表菜品，在中国饮食文化中占据举足轻重的地位。浙菜口味注重清鲜脆嫩，保持原料的本色和真味。同时，浙菜善于运用各种调料和辅料进行搭配和组合，创造出丰富多彩、营养均衡的菜肴。香糟、黄酒等调料在浙菜中运用广泛，为菜品增添了独特的风味。

宁波地处沿海，其特点是“咸鲜合一”，口味“咸、鲜、臭”，以蒸、红烧、炖制海鲜。温州古称“瓯”，地处浙南沿海，当地的语言、风俗和饮食都自成一体，别具一格。温州菜也称“瓯菜”，瓯菜以海鲜为主，口味清鲜，淡而不薄，烹调讲究“二轻一重”，即轻油、轻芡、重刀工。代表名菜有："三丝敲鱼""爆墨鱼花"等。

浙江地处江南水乡，气候温和湿润，四季分明，物产丰富，如鲜嫩的鱼虾、鲜美的竹笋、香醇的火腿等，为浙菜提供了丰富的食材来源。浙菜的代表菜品众多，如西湖醋鱼、龙井虾仁、雪菜大汤黄鱼、清汤越鸡、干菜焖肉、五味煎蟹、冰糖甲鱼、三丝敲鱼等。这些菜品不仅味道独特，而且具有深厚的历史文化底蕴和地域特色。

五、酒店流行菜

酒店流行菜不仅保留了浙菜的经典菜品和烹饪技法，还通过食材、口味和造型等方面的创新为浙菜增添了新的活力和魅力。酒店流行菜的推广和传播，让更多的人可以了解和认识浙菜的文化内涵和独特风味，从而促进了不同地区之间的文化交流和融合。酒店流行菜对于浙菜的传承与创新具有积极的推动作用。

凉菜

1. 桂花糯米藕

操作视频

准备材料

主料：莲藕 500g、糯米 300g
辅料：红枣 10g、桂圆 5g
调料：红糖 45g、桂花蜂蜜 30g、糖浆 10g、冰糖 15g、苏打粉 10g、红曲粉 5g

制作步骤

①

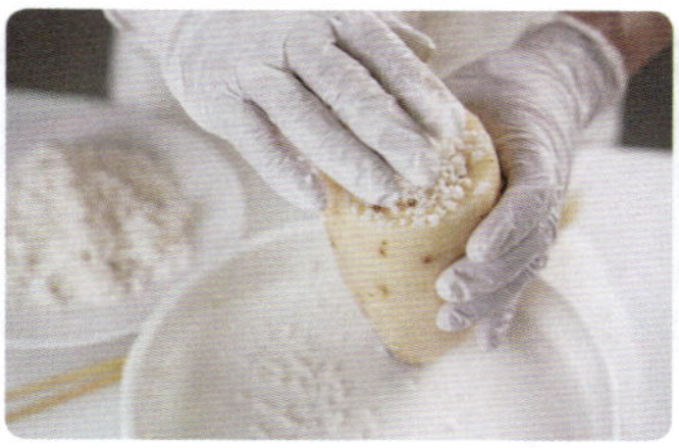
②

③

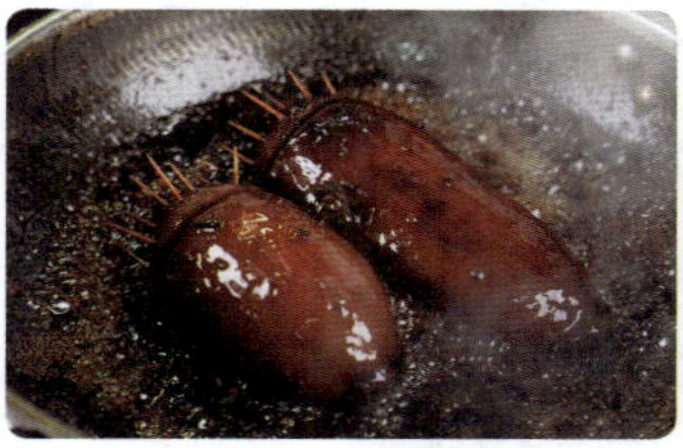
④

⑤

⑥

① 将红枣、桂圆、糯米泡发，冲水洗净，沥干备用；
② 将莲藕削皮，沿顶部切去 3 厘米，将糯米塞入莲藕孔中，灌满后将切下的藕梢用牙签固定在原切口上；
③ 净锅加入清水，将灌好糯米的莲藕放入锅中，加入红枣、桂圆、红糖、桂花蜂蜜、糖浆、冰糖、苏打粉、红曲粉搅拌均匀，焖煮至藕酥时，将藕捞出；
④ 另起锅加入原来煮藕的汤水，大火收汁；
⑤ 将糯米藕捞出，放凉，改刀切厚片，摆入盛器中；
⑥ 淋上桂花蜂蜜等调和的蜜汁即可。

注意事项

1. 糯米要提前泡好，填入藕孔中的米不要太实，因为米熟后还会膨胀。
2. 煮制时控制好火候，收汁时要不断搅动，防止粘锅。

2. 杭州卤鸭

相传在明朝时，杭州有一位名叫赵阿大的卖烧鸭商人，天气炎热时，他烧好的鸭子卖不出去。为了减少损失，他只好将鸭子在老卤汁中反复回锅卤制，结果鸭子被烧得油光锃亮，味道也变得异常鲜美。后来，他请著名书法家祝枝山帮忙题词，祝枝山品尝后大赞其美味并题写了“特别卤鸭，味美价廉”几个字。老百姓听说后纷纷慕名前来购买，赵阿大的卤鸭生意因此兴隆起来，卤鸭的制作技艺也流传至今。

操作视频

准备材料

主料： 净鸭 1 只（约重 1500g）
辅料： 姜 10g、葱 10g、八角 3g、桂皮 5g
调料： 老抽 50g、绍酒 15g、盐 15g、白糖 100g

制作步骤

①

②

③

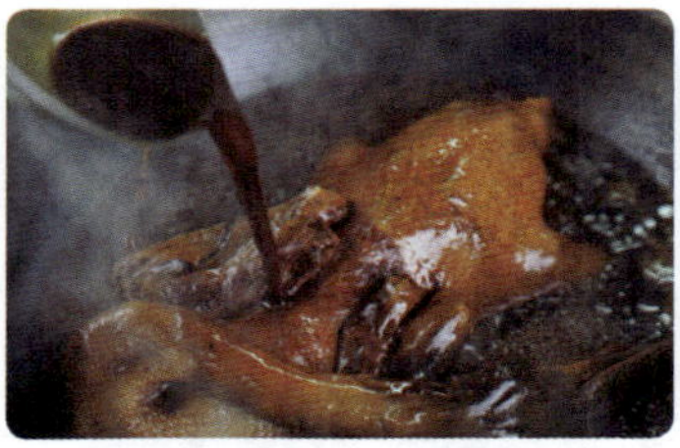

④

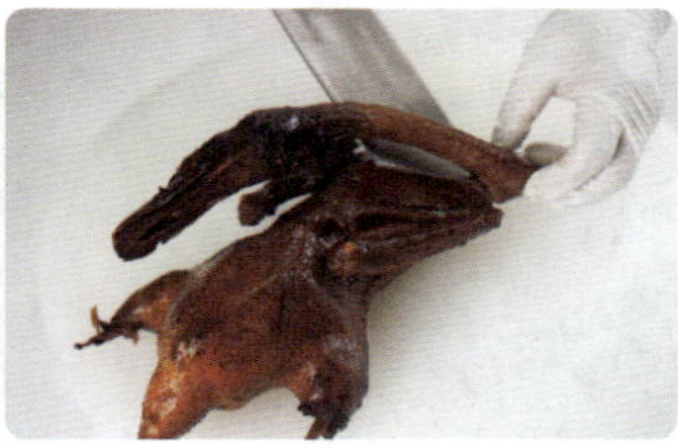

⑤

⑥

① 准备麻鸭、姜、葱、八角、桂皮、老抽、绍酒、盐、白糖；
② 净锅中加清水，加入老抽、白糖、盐搅拌均匀，再加入葱段、姜、八角、桂皮、绍酒，大火烧开；
③ 放入焯水洗净的鸭子，大火烧开，转中小火烧 1 小时，煮至鸭子入味至熟；
④ 大火收汁，用勺子往鸭子身上淋汁直至着色，捞出，放凉备用；
⑤ 将卤鸭改刀放入盛器中；
⑥ 淋上卤汁成菜。

注意事项

1. 卤制时，香料按标准进行投放。
2. 卤烧的火候，先大火烧开，然后小火烧入味，再大火收汁。

3. 宁波烤菜

操作视频

准备材料

主料： 青菜 750g
辅料： 香菇 10g、虾仁 5g
调料： 鸡精 2g、蚝油 10g、白糖 50g、生抽 30g

制作步骤

①

②

③

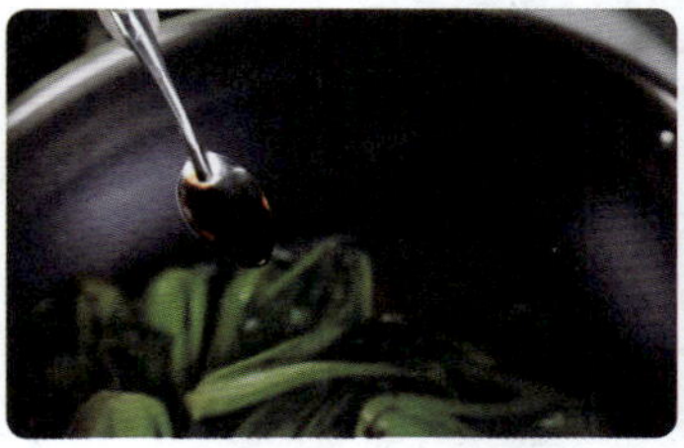
④

⑤

⑥

① 准备青菜、香菇、虾仁、鸡精、蚝油、白糖、生抽；
② 将青菜去根，冲水洗净，改刀切成小棵状（或者长段）；
③ 净锅上火，加入油，加入青菜炒至菜皮泛黄；
④ 加入香菇、生抽、蚝油翻炒着色；
⑤ 炒干水分后，加入白糖和鸡精；
⑥ 出锅，装入盛器中，点缀虾仁成菜。

注意事项

1. 控制火力的大小，防止焦化。
2. 青菜改刀要均匀。

4. 温州鸭舌

操作视频

准备材料

主料： 鸭舌 150g
辅料： 姜 20g、葱 20g
调料： 生抽 6g、老抽 4g、白糖 10g、料酒 10g、胡椒粉 3g、鸡精 3g

制作步骤

①

②

③

④

⑤

⑥

① 将鸭舌用清水洗净，放入碗中，沥干备用；
② 加入生抽、老抽、料酒、白糖、胡椒粉、鸡精；
③ 搅拌均匀放入盘中，再放入葱结、姜片；
④ 放入蒸锅蒸 20 分钟，蒸熟后取出放凉；
⑤ 放凉后搅拌均匀；
⑥ 摆入盛器中，成菜。

注意事项

1. 拌调味料时必须把鸭舌先吸干水分，否则不易上色入味。
2. 放凉食用风味更佳。

5. 天目笋丝

操作视频

准备材料

主料：天目山笋干 150g
调料：盐 3g、糖 3g、味精 3g、香油 5g

制作步骤

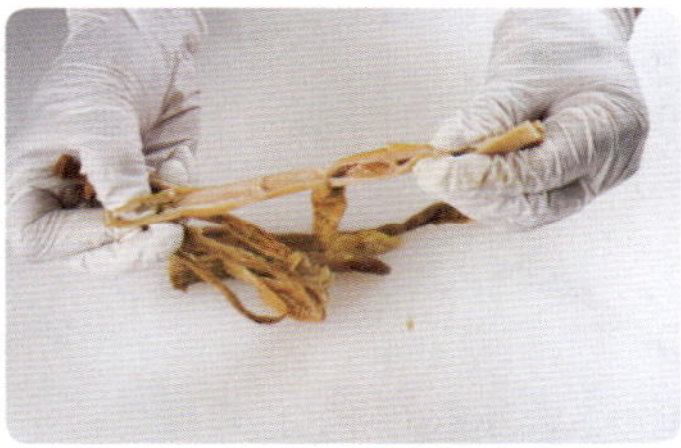

①

②

③

④

⑤

⑥

① 将泡发好的笋干去除老根，撕成粗丝；
② 将笋干丝改刀切成段，备用；
③ 净锅中加入清水，水沸后将笋干焯水断生，捞出；
④ 冷水过凉后，沥干水分，备用；
⑤ 将笋干置于盛器内加盐、糖、味精、香油搅拌均匀；
⑥ 另装盛器点缀即可。

注意事项

1. 笋干水发时要泡透。
2. 笋干焯水后一定要用冷水过凉。
3. 挤压定型时要塞紧，避免散掉。

6. 钱江酥鱼

操作视频

准备材料

主料：草鱼中段 500g

辅料：葱 10g、姜 10g、花椒 2g、桂皮 2g、香叶 1g、干辣椒 1g、砂仁 2 个、小茴香 2g、八角 3g

调料：老抽 20g、料酒 50g、生抽 20g、鸡精 5g、糖 20g、五香粉 1g

制作步骤

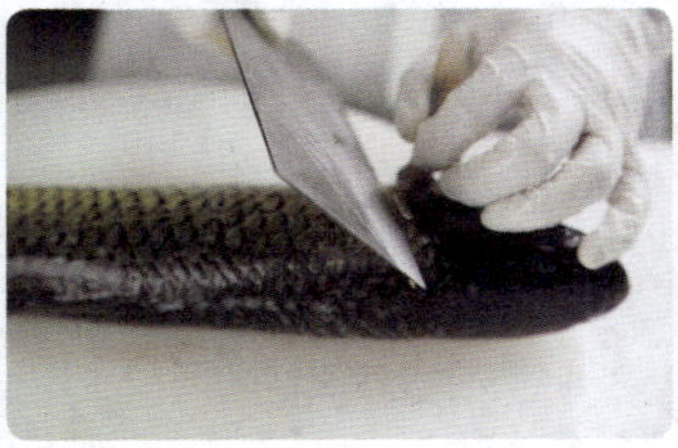

①

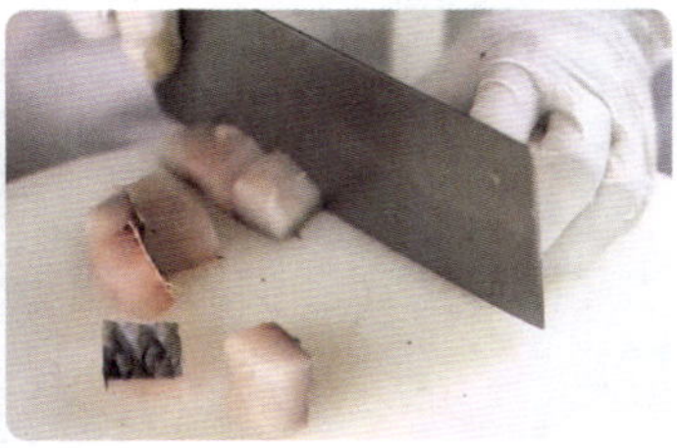

②

③

④

⑤

⑥

① 取草鱼中段刮去鱼鳞，冲水洗净，沥干备用；

② 将洗净的草鱼中段去骨取肉，切 2.5 厘米见方的块状；

③ 净锅上火，加入葱段、姜片炒香，加入八角、花椒、桂皮、香叶、砂仁、小茴香、干辣椒炒出香味，加水烧开，再放入老抽、生抽、料酒、糖、鸡精、五香粉熬制成酥鱼汁，备用；

④ 净锅上火，加入清油，油温 6 成热时下入鱼块炸至酥脆上色；

⑤ 将炸好的鱼块捞出，浸泡在提前制作好的酥鱼汁中浸泡，入味后捞出；

⑥ 摆入盛器中，点缀成菜。

注意事项

1. 炸鱼时用 6 成油温炸制。

2. 调味汁味道按浸泡时间长短把控浓度。

7. 素烧鹅

操作视频

准备材料

主料： 豆腐皮 10 贴
调料： 盐 5g、糖 5g、酱油 25g、绍酒 10g、香油 10g、淀粉 15g

制作步骤

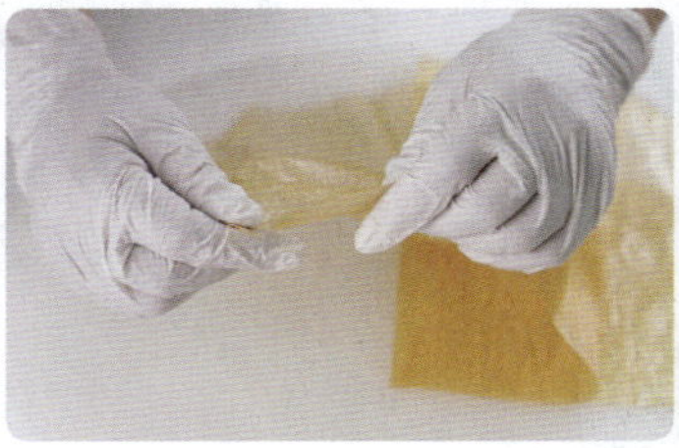
①

②

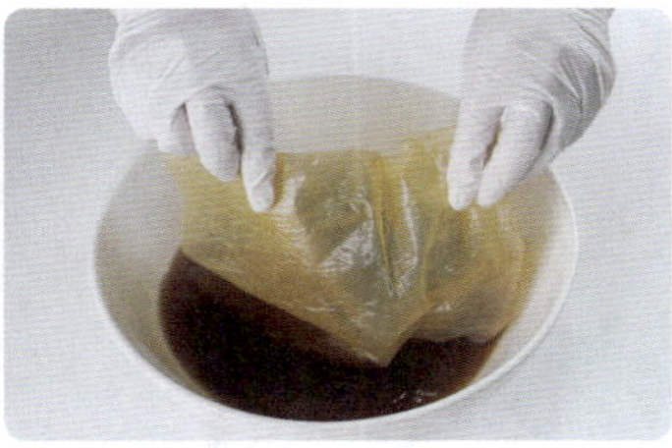
③

④

⑤

⑥

① 将豆腐皮去除边角，然后取两张备用；
② 净锅中加清水，加入绍酒、酱油、盐、糖，水淀粉勾芡，淋入香油，烧开后装入盛器中，冷却备用；
③ 将豆腐皮放入汤汁中浸泡，变软后捞出，备用；
④ 取备用的豆腐皮垫底，将浸泡软的豆腐皮卷入其中，折成扁条状；
⑤ 净锅上火，加入油，小火，将卷好的豆腐皮下锅煎炸，煎至两面金黄后捞出；
⑥ 切块后装入盛器，淋上香油，点缀成菜。

注意事项

1. 豆腐皮浸泡时间不宜过久，浸湿即可，否则会影响口感。
2. 煎制时应用小火，以免煎焦。

8. 香干马兰头

操作视频

准备材料

主料： 马兰头 200g
辅料： 香干 50g
调料： 盐 3g、香油 15g

制作步骤

①

②

③

④

⑤

⑥

① 将马兰头冲水洗净，沥干备用；
② 净锅中加清水，大火煮沸后，放入马兰头焯水至断生，用冰水冲凉，备用；
③ 将马兰头挤干水分，改刀切成碎末；
④ 香干切碎末，与马兰头一起放入盛器中，加入盐、香油搅拌均匀；
⑤ 将拌好的香干、马兰头填入模具中，压紧塑形；
⑥ 取冷菜盛器，把塑形好的香干、马兰头去除模具，放入盛器中，点缀成菜。

注意事项

1. 马兰头焯水断生后要立即放入冰水中冲凉，保证翠绿的颜色和口感。
2. 填入模具后，一定要压紧。

9. 绍兴糟鸡

操作视频

准备材料

主料： 嫩鸡 1200g
辅料： 葱结 20g、姜片 20g
调料： 盐 40g、香糟卤 500g、花雕酒 100g、鸡精 10g、花椒 2g

制作步骤

①

②

③

④

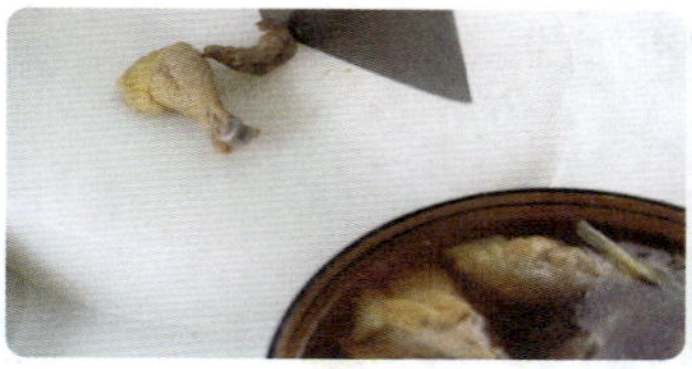
⑤

⑥

⑦

⑧

⑨

① 将鸡洗净放入锅中，加清水；
② 下入葱姜，煮熟捞出；
③ 加入花雕酒；
④ 鸡煮熟捞出，沥干水分；
⑤ 将鸡切成大块备用；
⑥ 净锅入水，加葱结、姜片，加入调料调和口味；
⑦ 烧开，出锅入盛器放凉；
⑧ 将鸡块放入味汁中，浸泡 24 小时以上；
⑨ 将鸡块改刀装盘，点缀成菜。

注意事项

1. 鸡块要浸泡 24 小时以上，方可入味。
2. 改刀时须保证鸡的完整性，避免肉散掉。

10. 糟三样

准备材料

主料：鸡爪 150g、沼虾 150g、毛豆荚 150g
辅料：姜 50g、葱白 30g、花椒 3g、绍兴糟卤 300g、八角 2 枚
调料：盐 50g、料酒 50g、四特酒 3g

制作步骤

①

②

③

④

⑤

⑥

① 将鸡爪、沼虾、毛豆荚、葱、姜分别冲水洗净，沥干备用；
② 将鸡爪剪去爪趾尖，沼虾剪去虾须虾脚，毛豆荚去除两头，放入盛器备用；
③ 净锅中加清水，放入姜片、葱白、八角，水煮沸后，加入绍兴糟卤、盐、料酒，搅拌均匀后，再加入花椒，大火煮开，将料汁装入盛器中冷却，最后调入四特酒搅拌均匀成糟泡汁；
④ 净锅中加入清水，加入姜片，分别将鸡爪、沼虾、毛豆荚焯水断生，冰水泡凉，沥干备用；
⑤ 将鸡爪、沼虾、毛豆荚分别装入盛器中，再倒入糟泡汁分别泡两天至入味；
⑥ 最后装入盛器，淋入少量糟泡汁，成菜。

注意事项

1. 鸡爪必须凉水下锅煮熟，沼虾和毛豆荚必须等水开下锅。
2. 糟泡汁必须晾凉后再使用，否则糟泡汁会浑浊，容易变质。

热菜

传统经典菜

11. 干炸响铃

操作视频

准备材料

主料：泗乡豆腐皮 5 贴
辅料：猪里脊肉 50g、鸡蛋 1 个、葱白 10g
调料：料酒 2g、味精 1g、盐 10g、酱油 10g、番茄酱 50g

制作步骤

①

②

③

④

⑤

⑥

① 将泗乡豆腐皮用湿毛巾盖一会儿，猪里脊肉分别冲水洗净，备用；
② 将猪里脊肉改刀成肉末，加入葱、盐、料酒、味精、酱油顺时针搅拌均匀，备用；
③ 将豆腐皮去除边角，修切成长方形，鸡蛋打开，分离蛋黄、蛋清；
④ 将肉馅放在豆腐皮的一边，用菜刀将肉馅抹均匀，卷起成圆筒状，用蛋液粘住开口，切成 5 厘米长的段，直立放置于盛器中；
⑤ 净锅上火，加入清油，加热至 5 成热时，将腐皮卷入锅，炸至黄亮松脆捞出；
⑥ 装入盛器，点缀成菜。

注意事项

1. 豆腐皮要用湿毛巾盖一会儿，肉馅不宜过多。
2. 油温不能过低，否则豆腐皮不松脆。

12. 虾爆鳝背

操作视频

准备材料

主料：黄鳝 300g
辅料：虾仁 100g、蒜 10g、青豆 50g
调料：酱油 75g、白糖 10g、料酒 50g、淀粉 50g、香油 5g、米醋 10g、盐 1g

制作步骤

①

②

③

④

⑤

⑥

① 将黄鳝宰杀，冲水洗净，去骨，改刀成鳝片，放入碗中，加入盐、料酒腌入底味，备用；青豆焯水断生，沥干备用；
② 碗中加入淀粉，加入水，搅拌均匀，制成鳝鱼糊，加入鳝片搅拌均匀，备用；
③ 净锅上火，油温烧至 5 成热，加入鳝片炸至定形捞出，待油温升高至 7 成，下锅复炸，至外皮酥脆，出锅备用；
④ 净锅上火，油温 3 成，放入虾仁，滑熟备用；
⑤ 净锅上火，加入清油，炒香蒜末，加入淀粉、酱油、白糖、米醋、香油，搅拌均匀成汁，倒入锅中快速搅拌，待芡汁油光铮亮后起锅；
⑥ 将芡汁淋在鳝片后，再撒上虾仁和青豆即可成菜。

注意事项

1. 鳝鱼去骨时可用刀平拍鱼骨，方便更好地去除。
2. 油炸时温度要略高，炸鳝背的时候要炸透。
3. 勾芡时，酱油、白糖、米醋的比例要掌握好。

13. 彩熘黄鱼

操作视频

准备材料

主料：大黄鱼 500g
辅料：红黄彩椒各 75g、葱 10g、姜 5g
调料：料酒 15g、盐 2.5g、淀粉 60g、胡椒粉 5g、生粉 50g

制作步骤

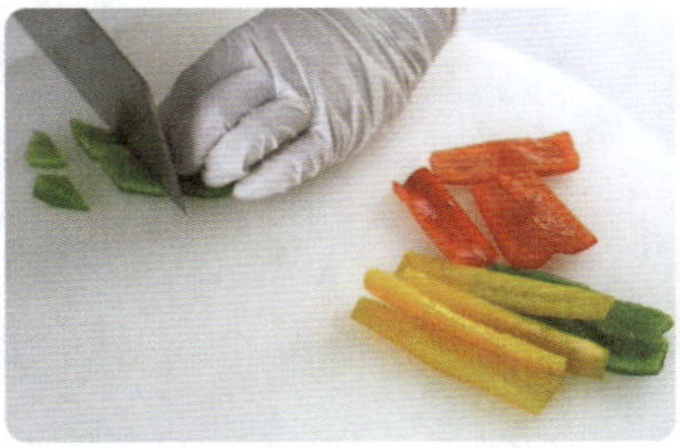
①

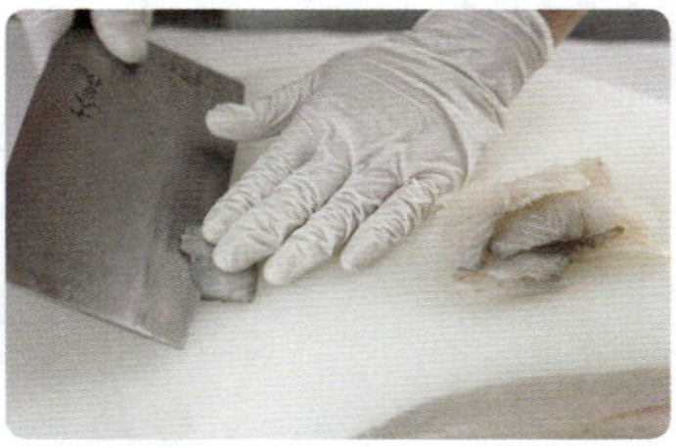
②

③

④

⑤

⑥

① 将彩椒切菱形片，葱切段，姜切片备用；
② 将黄鱼冲水洗净，去除鱼骨，取出鱼肉，改刀切厚片，冲洗干净，沥干水分，放入盐、胡椒粉、淀粉、料酒搅拌均匀上浆，备用；
③ 将鱼头、尾骨拍生粉待用；
④ 净锅上火，油温 3 成，将黄鱼片、红黄彩椒片同时滑油，捞出备用；油温升至 6 成，加入鱼头、尾骨炸至定型，装入盛器中打底；
⑤ 净锅上火，加入清油，加入葱段、姜片、红黄彩椒片，加入盐、胡椒粉，水淀粉勾芡，下入滑好的鱼片翻炒均匀，出锅，放在鱼骨上，摆盘；
⑥ 点缀成菜。

注意事项

1. 鱼片改刀时要厚薄均匀。
2. 鱼片要腌制入味。

14. 苔菜拖黄鱼

操作视频

准备材料

主料：小黄鱼 500g
辅料：苔菜 50g、鸡蛋 1 个
调料：盐 2g、泡打粉 2g、米醋 50g、料酒 5g、面粉 75g、淀粉 25g

制作步骤

①

②

③

④

⑤

⑥

① 备好小黄鱼、苔菜、鸡蛋、盐、泡打粉、米醋、料酒、面粉、淀粉；
② 将小黄鱼去头，鱼体一分为二，冲水洗净，沥干备用；苔菜冲水洗净，沥干水分，改刀切末，备用；
③ 将小黄鱼用盐、料酒码味，备用；
④ 取小碗加入整个鸡蛋搅拌均匀，加入面粉、淀粉、泡打粉、苔菜末、水搅拌成糊；
⑤ 净锅上火，放入清油，油温约 5 成热，将小黄鱼拖上糊，加入油锅，炸至浮起定形，捞出，待油温升至 7 成时，复炸，捞出沥油；
⑥ 旁边放上米醋碟，点缀成菜。

注意事项

1. 糊要调匀，要厚薄合适。
2. 炸时要逐块下锅，动作要快，勤翻动。

15. 杭三鲜

操作视频

准备材料

主料：鱼圆 200g、猪肉末 200g、猪发皮 20g、西兰花 100g、河虾 25g、冬笋 30g
辅料：水发木耳 20g、熟火腿片 25g、蛋皮 50g、姜 10g、葱 10g
调料：盐 3g、料酒 2g、清鸡汤 1000g

制作步骤

①猪肉末加盐、料酒搅拌均匀，制成肉丸，放入蒸锅中蒸熟，备用；
②猪发皮用清水泡透，改刀成块，焯水备用；冬笋冲水洗净，沥干水分，改刀切片，备用；
③净锅加入清鸡汤，加入姜片、葱白、笋片、木耳、肉丸，煮熟；
④净锅加入清鸡汤，放入猪发皮、火腿片、西兰花、河虾，加入盐、料酒，搅拌均匀，出锅，装入盛器中；
⑤净锅加入清鸡汤，鱼圆在 90℃汤中静养至汤煮沸，放入盛器中；
⑥撒上蛋皮块和少许葱花，淋入清油，成菜。

注意事项

1. 制作肉丸选用的肉末应肥三瘦七，加盐及少量料酒，顺着一个方向搅拌。
2. 调味要清淡，才能凸显原料的本味。

16. 蜜汁火方

相传北宋末年，抗金名将宗泽为了保存猪肉以防变质，将猪肉用盐腌制后运往前线。等猪肉送到前线时，已经变成肉质火红、味道鲜美的腌猪肉。后宗泽将腌猪肉进贡给宋高宗赵构，赵构品尝后大为赞赏，因其颜色通红，于是命名为“火腿”。蜜汁火方是在火腿的基础上，将其与白糖等辅料结合，创制出的一道甜润酥烂的菜品。

操作视频

准备材料

主料： 金华火腿 500g
辅料： 莲子 20g、银耳 30g、西瓜 50g
调料： 冰糖 150g、料酒 75g、白糖 1g

制作步骤

①

②

③

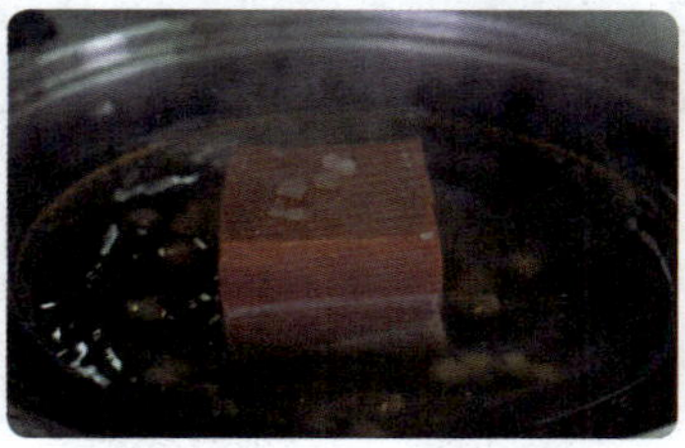
④

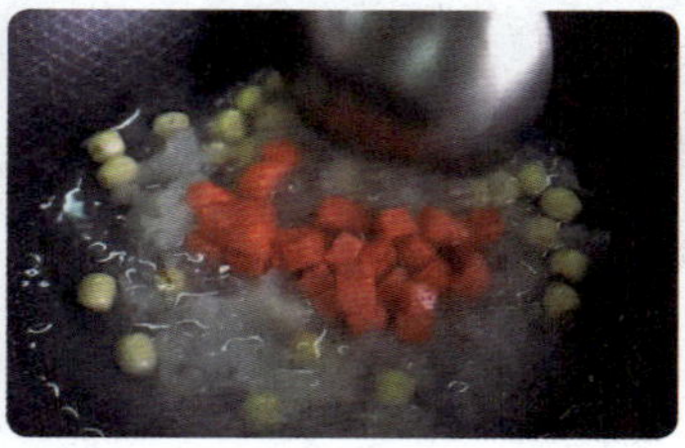
⑤

⑥

① 用刀刮尽火腿皮上的余毛、污渍，冲水洗净，沥干水分，将肉面切成 12cm 方块，备用；
② 净锅上火，加入清水，冷水放入火腿，再加入料酒、白糖，煮沸后，捞出，摆入盛器；
③ 盛器内加入清水、料酒、冰糖、莲子；
④ 上笼用旺火蒸 1.5 小时至酥熟；
⑤ 净锅上火，加入清水，倒入莲子、银耳，勾芡煮沸，倒入西瓜丁；
⑥ 出锅，淋在火腿上，撒上西瓜、银耳点缀；

注意事项

1. 金华火腿选优质无骨肉方，用旺火将皮烧糊，入清水中刮洗干净，再下汤锅中氽煮去除异味、咸味。

2. 若火腿外皮干硬，可提前温水泡制。

17. 椒盐龙头鱼

准备材料

主料：龙头鱼 300g
辅料：葱 10g、蒜 10g、红椒 10g
调料：料酒 15g、椒盐 10g、味精 2.5g、淀粉 150g、吉士粉 150g

制作步骤

①

②

③

④

⑤

⑥

① 龙头鱼洗净，葱切葱花，红椒切末，蒜切末，备用；
② 取盛器，将淀粉、吉士粉放入搅拌均匀；将龙头鱼改刀成条，沥干水分，拍粉待用；
③ 净锅上火，油温 6 成热，放入拍好粉的龙头鱼炸至金黄色，外壳酥脆，捞出，待油温 8 成时复炸，捞出，沥油备用；
④ 净锅上火，加入油，加入葱花、蒜、红椒碎炒出香味，再放入龙头鱼；
⑤ 撒入椒盐、味精，翻炒均匀，出锅，摆入盛器中；
⑥ 放入装饰花草点缀，成菜。

注意事项

1. 龙头鱼肉质软嫩，改刀过程中力度要轻，裹粉要均匀。
2. 油炸时温度要高，迅速定型，否则很容易粘连。

18. 葱油梭子蟹

操作视频

准备材料

主料：梭子蟹三只
辅料：葱 20g、姜 20g、红椒 1 个
调料：生抽 20g

制作步骤

①

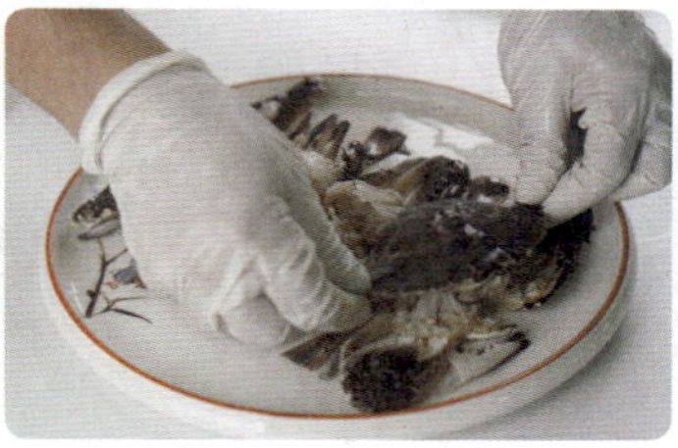
②

③

④

⑤

⑥

① 备好食材；
② 把蟹冲水洗净，改刀成块，摆在盛器上，蟹壳完整留下，按原形摆在盛器中；
③ 把葱段、姜片放在蟹壳上，放入蒸笼，蒸 5 分钟后，关火焖 3 分钟；
④ 出蒸笼后，去除葱段、姜片，浇淋上生抽；
⑤ 撒上葱丝、红椒丝，再浇淋上热油；
⑥ 成菜。

注意事项

1. 选用鲜活的梭子蟹，肉嫩味鲜。
2. 梭子蟹改刀要仔细，蟹壳要完整留下。
3. 要把控好蒸蟹的时间。

19. 杭州卷鸡

操作视频

准备材料

主料： 笋干 200g、豆腐皮

辅料： 香菇 100g、笋 100g、菜心 100g

调料： 白糖 10g、酱油 10g、素汤汁 50g、芝麻油 5g

制作步骤

①

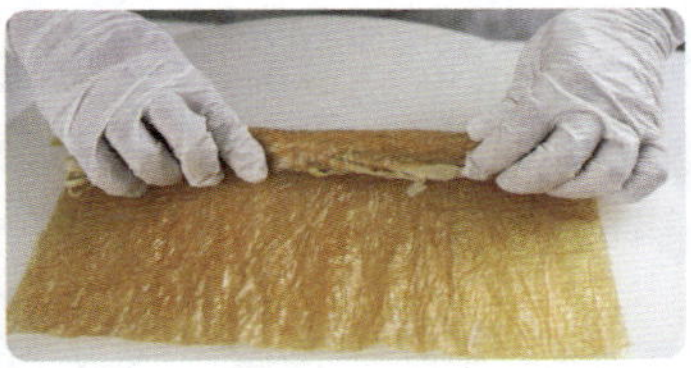

②

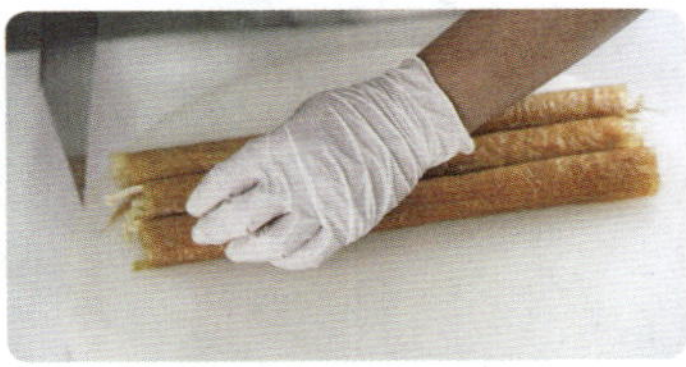

③

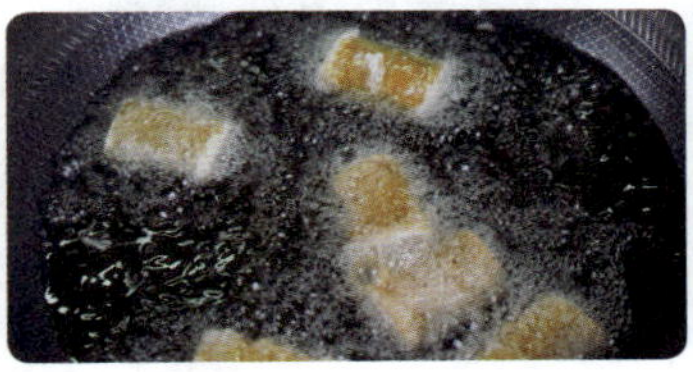

④

⑤

⑥

⑦

⑧

⑨

① 原料洗净备用；

② 笋干用手撕成丝，豆腐皮切去边筋，用一贴豆腐皮卷起四分之一笋干丝卷成卷筒状；

③ 用同样的方法卷成四个卷筒，再切成五厘米长的段；

④ 锅上火，下入清油烧至 5 至 6 成热时，放入卷鸡段炸制定型，倒出沥油；

⑤ 锅留底油，放入笋片、香菇片略煸，放入酱油、白糖、素汤汁；

⑥ 卷鸡段烧入味，收汁，淋芝麻油；

⑦ 将烧好的卷鸡摆入盘中；

⑧ 菜心焯水围边；

⑨ 成品。

注意事项

1. 笋干要水发透，下锅炸制时油温 6 成热。
2. 烧制时动作要轻，以免卷鸡段散开。

20. 笋干老鸭煲

相传，越王勾践灭了吴国，大胜而归，百姓们夹道迎接，以表敬意。其中一位百姓宰杀了老鸭，混合笋干、腊肉等食材精心烹煮，以此款待得胜之军。这道菜因鲜美可口、营养丰富而深受勾践喜爱，并逐渐在民间流传开来，最终形成了今天我们所熟知的笋干老鸭煲。

操作视频

准备材料

主料： 净老鸭 1 只 /1300g
辅料： 天目笋干 50g、火腿 80g、姜 50g、葱 20g、枸杞 5g
调料： 盐 3.5g、料酒 10g、白胡椒 2g、鸡精 2g、高汤适量

制作步骤

①

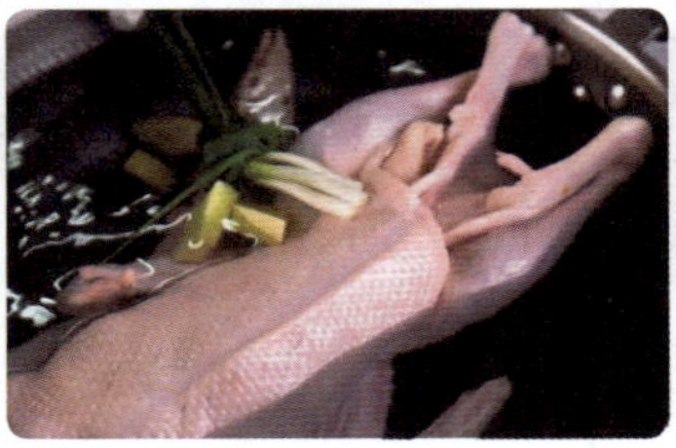
②

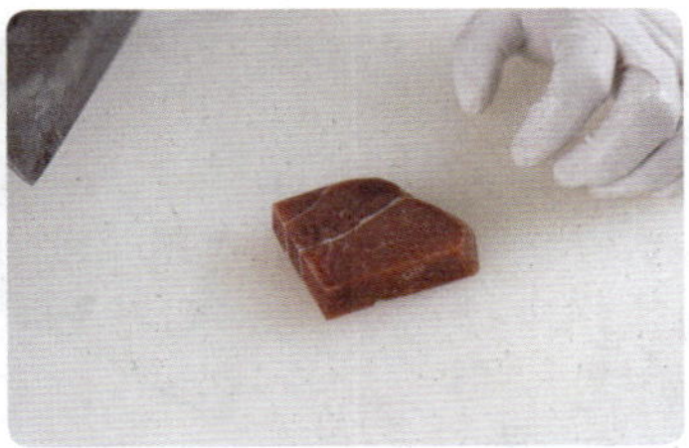
③

④

⑤

⑥

① 备好老鸭、天目笋干、火腿、姜、葱、枸杞、盐、料酒、白胡椒、鸡精；
② 净锅加入清水，将处理好的老鸭，焯水断生，捞出，冲水洗净，备用；
③ 火腿切片，备用，葱打结、切葱花，姜拍碎；
④ 天目笋干提前浸泡，撕成长条改刀切断，备用；
⑤ 将老鸭加入砂锅，加入笋干、姜块、葱结、火腿、料酒，加入高汤浸没过鸭身，炖 2 小时，加入盐、白胡椒、鸡精，再炖半小时，取出葱结；
⑥ 撒入枸杞、葱花，成菜。

注意事项

1. 鸭子在炖前需焯水去腥，并用清水清洗干净。
2. 笋干需提前用清水泡，去除多余盐分，增加风味。

21. 清汤鱼圆

相传，秦始皇偏爱美食，尤其喜爱吃鱼，但又十分惧怕鱼刺。这一难题让众多厨师绞尽脑汁，甚至有不少厨师因此丧命。一日，秦始皇巡游至绍兴，当地名厨在面临生死考验之际，急中生智，将鱼肉斩得粉碎，加以盐、清水搅拌，制成鱼圆，献给秦始皇。这道无刺且鲜美的鱼肴让秦始皇大悦，不仅保住了厨师的性命，还流传于世，并经过历代的改良和发展，最终成为清汤鱼圆。

操作视频

准备材料

主料：鲢鱼尾 650g
辅料：青菜心 5 棵、熟火腿 5 片、香菇 1 朵、熟竹笋 2 根
调料：盐 8g、味精 3g、熟鸡油 10g、葱姜水 600g、清鸡汤 1000g

制作步骤

①

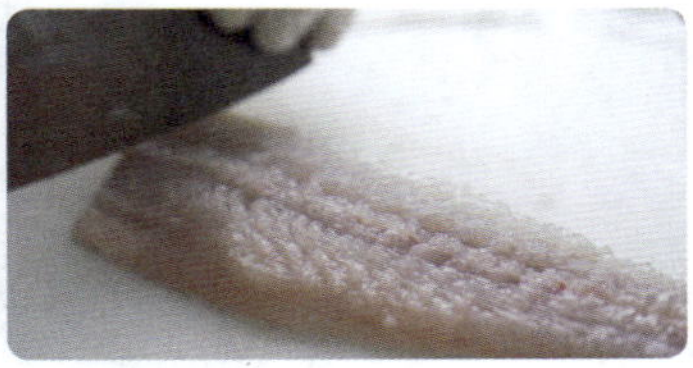

②

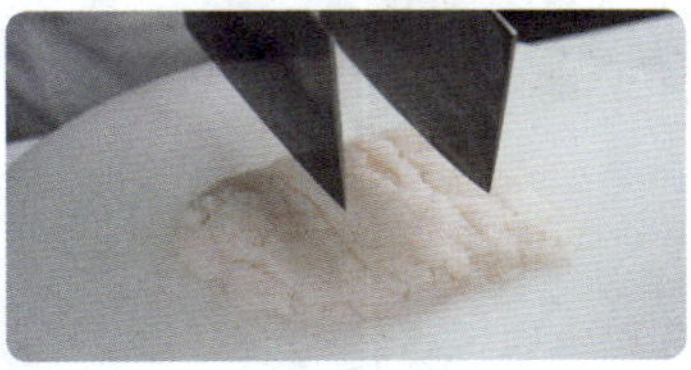

③

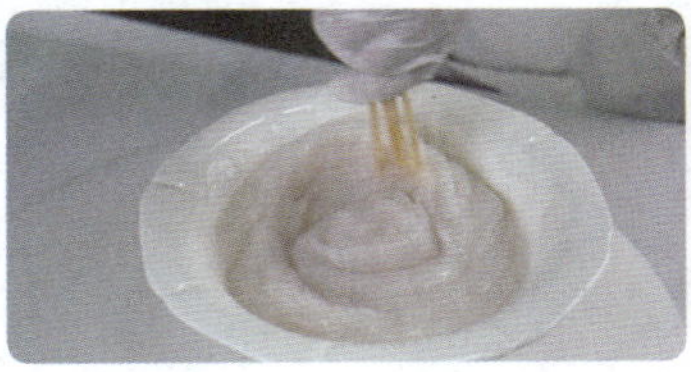

④

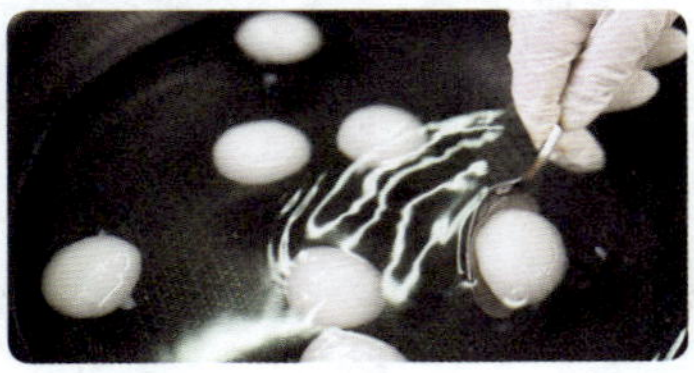

⑤

⑥

⑦

⑧

⑨

① 备好主料、辅料、调料；
② 将鲢鱼尾冲水洗净，去骨，取净鱼肉；
③ 用刀背剁细成鱼茸（或用破壁机加冰、葱姜水打茸），放入盛器中；
④ 鱼茸中加入葱姜水、盐、味精，顺时针搅拌上劲，静置 5 分钟；
⑤ 鱼茸养于清水锅中，用小火温养成熟（清水不能开），制成鱼圆；
⑥ 净锅中加入清鸡汤，放入香菇、熟竹笋，煮开，放入盐，盛入汤碗；
⑦ 青菜心焯水断生，盛入汤碗；
⑧ 将养熟的鱼圆捞出盛入汤碗中；
⑨ 将火腿片、笋片整齐摆入汤碗，淋入鸡油，成菜。

注意事项

1. 选用新鲜鲢鱼肉，以确保鱼丸的口感和质量。
2. 搅拌鱼茸时需要顺着一个方向搅拌，以确保鱼茸的柔性和弹性。
3. 煮制时水不能沸腾。

22. 荷叶粉蒸肉

操作视频

准备材料

主料： 五花肉 750g
辅料： 葱 20g、姜 20g、水发荷叶 2 张
调料： 盐 5g、味精 3g、五香米粉 150g、酱油 20g、绍酒 10g

制作步骤

①

②

③

④

⑤

⑥

① 将五花肉冲水洗净，沥干水分，改刀成夹刀片，装入盛器中备用；
② 加入葱、姜、盐、味精、绍酒、酱油着色；
③ 抓拌均匀后，去掉葱姜，加入五香米粉，抓拌均匀；
④ 把荷叶垫入蒸笼，把处理好的五花肉码入其中，用荷叶包实；
⑤ 上蒸锅蒸制 45 分钟之后取出；
⑥ 出锅，装入盛器，点缀即可。

注意事项

1. 五花肉改刀须均匀，粘五香米粉时须裹粉均匀。
2. 蒸制时间略长，口感更佳。

23. 清蒸鳜鱼

准备材料

主料：鳜鱼 1 条 /750g
辅料：熟火腿片 25g、笋 20g、香菇 1 个、姜 20g、葱 1 小把
调料：蒸鱼豉油 30g、料酒 5g、胡椒粉 1g、葱油 10g

制作步骤

①

②

③

④

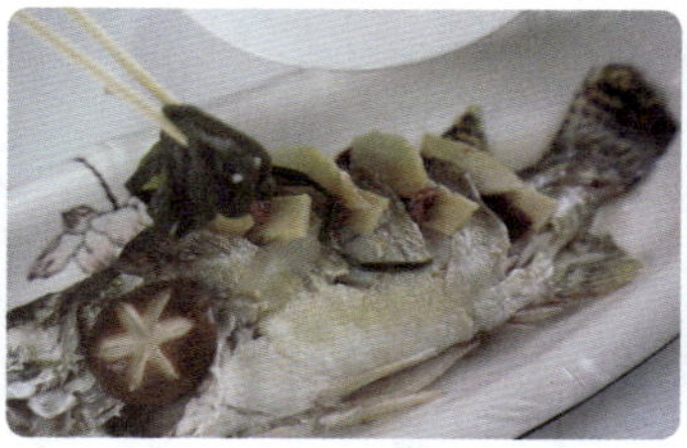
⑤

⑥

① 将原料冲水洗净，熟火腿、笋、香菇分别改刀切薄片，备用；
② 将鳜鱼宰杀，去鳞去内脏，冲水洗净，在鳜鱼两侧剞“月牙刀”，备用；
③ 将鳜鱼用料酒、胡椒粉、葱、姜腌制 15 分钟，冲水洗净，沥干备用；
④ 将鳜鱼摆入盛器，在鳜鱼上面摆上姜片、火腿片、香菇、笋片、葱结，加入料酒；
⑤ 放在蒸笼蒸 8 ～ 10 分钟，取出，去除姜葱，淋入葱油；
⑥ 将蒸鱼豉油调匀，倒入盛器中。

注意事项

1. 鳜鱼除腥要彻底，至少腌制 15 分钟。
2. 掌握好蒸制时间。

24. 芙蓉鱼片

准备材料

主料：龙利鱼肉 100g

辅料：鸡蛋 3 个、火腿 50g，香菇 50g、豌豆苗 20g

调料：姜水 10g、盐 15g、淀粉适量

制作步骤

①

②

③

④

⑤

⑥

① 将龙利鱼肉冲洗干净，制成鱼茸，放入盛器中，加入少许盐、姜水、蛋清、淀粉顺时针搅拌上劲；鸡蛋打开，分离蛋清、蛋黄，蛋清备用；

② 净锅中加入清油，将鱼蓉用锅勺挖成鱼片，轻下入油锅定型；

③ 净锅中加入清水将鱼片下锅，浮起捞出，沥干清水，备用；

④ 净锅中加入清水，将火腿、香菇、豌豆苗焯水至断生；

⑤ 净锅中加入清水，放入盐，水淀粉勾芡，放入鱼片、火腿、香菇、豌豆苗翻炒均匀，入味；

⑥ 出锅，装入盛器成菜。

注意事项

1. 打鱼茸时要顺着一个方向打上劲。

2. 勾芡时芡汁要薄。

25. 元宝烧肉

操作视频

准备材料

主料： 五花肉 500g
辅料： 熟鹌鹑蛋 100g、葱 5g、姜 5g
调料： 盐 15g、生抽 7g、老抽 7g、料酒 5g

制作步骤

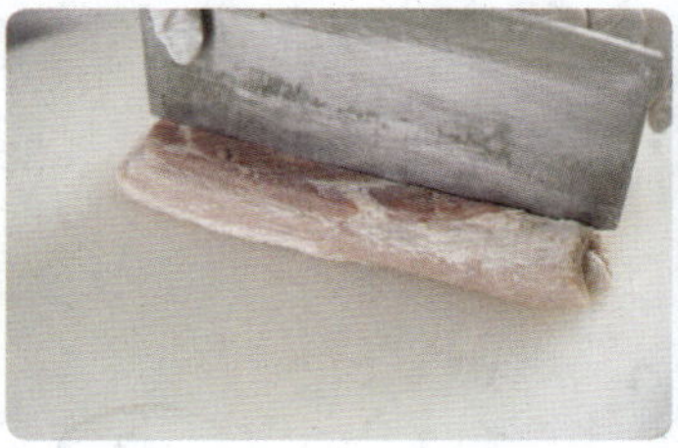

①

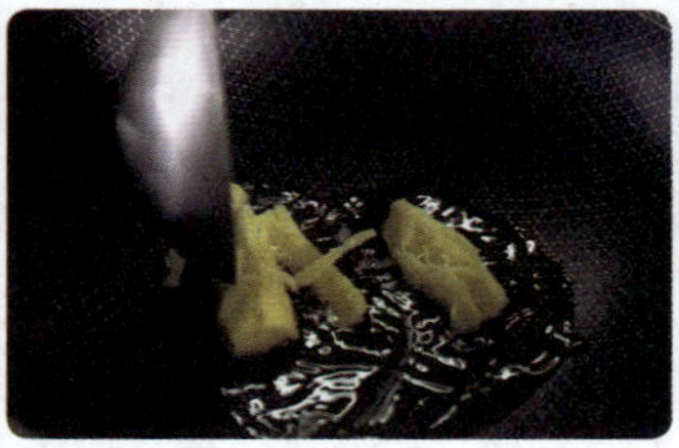

②

③

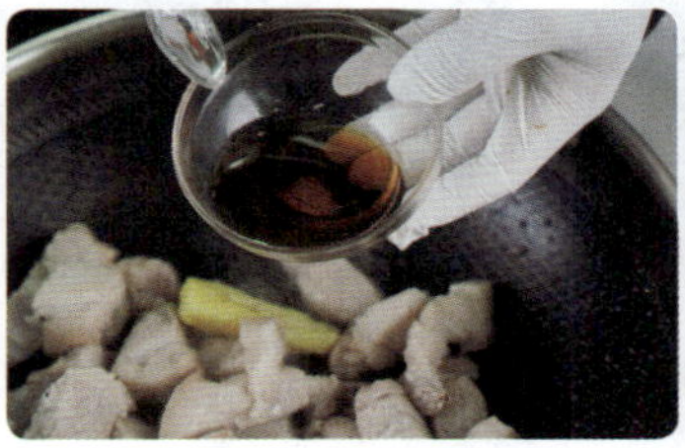

④

⑤

⑥

① 将五花肉冲水洗净，沥干水分，切块备用，姜切片，备用；
② 净锅上火，放入姜片，炒出香味；
③ 加入五花肉翻炒出香味；
④ 加入盐、料酒、生抽、老抽翻炒着色；
⑤ 加入开水，浸没过全部食材，中火煮 20 分钟，加入鹌鹑蛋，再烧 20 分钟，大火收汁；
⑥ 出锅，装入盛器，放上葱丝。

注意事项

1. 注意烹调的时间。
2. 主料、辅料要合理搭配，调料比例要掌握好。

26. 兰花春笋

自古以来，竹笋就被视为“菜中珍品”，深受文人墨客的喜爱。唐代诗人杜甫曾写下“无数春笋满林生”的诗句来赞美春笋的繁盛；宋代诗人苏东坡更是对竹笋情有独钟，留下“好竹连山觉笋香”的佳句。兰花春笋作为竹笋的一种创新做法，更是在历史的长河中不断传承与发展，成为人们餐桌上的美味佳肴。

操作视频

准备材料

主料： 鲜笋 100g
辅料： 净母鸡 1 只
调料： 盐 10g、胡椒粉 10g、枸杞适量

制作步骤

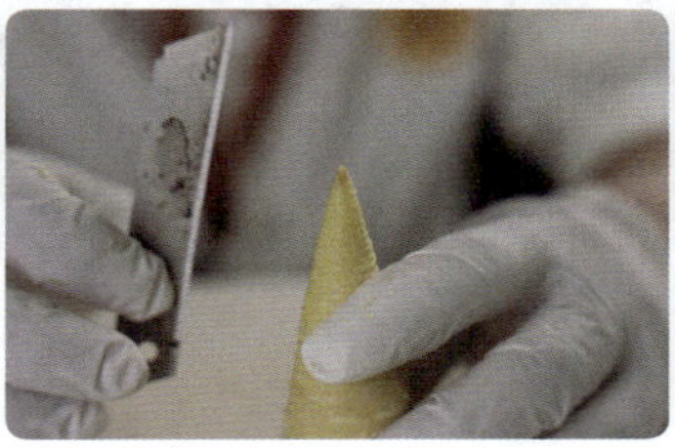
①
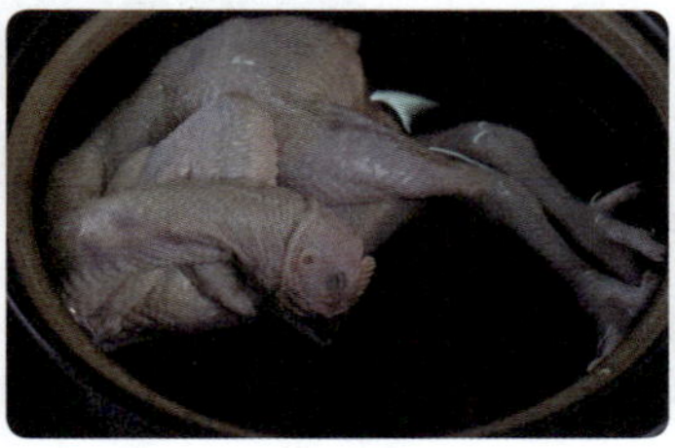
②

③

④

⑤

⑥

① 春笋剥去笋衣冲水洗净，取春笋上段，从顶部剞刀，切成“兰花形”，备用；
② 取砂锅，放入处理好的母鸡，熬制炖煮至汤色浓白，取汤装入盛器中，备用；
③ 净锅中加清水，加入盐，将改刀好的“兰花笋”放入沸水中，焯水断生，捞出，沥干备用；
④ 净锅中放入鸡汤，放入盐、胡椒粉搅拌均匀，加入春笋，烧至入味；
⑤ 出锅，将春笋捞出摆入盛器中；
⑥ 将原鸡汤淋入，撒枸杞点缀，成菜。

注意事项

1. 春笋选料要新鲜、脆嫩。
2. 要掌握好改刀力度和技巧。

27. 金牌扣肉

操作视频

准备材料

主料：五花肉 500g
辅料：青菜 200g、笋干 100g、荷叶饼 100g
调料：生抽 26g、老抽 8g、料酒 13g、盐 10g

制作步骤

①

②

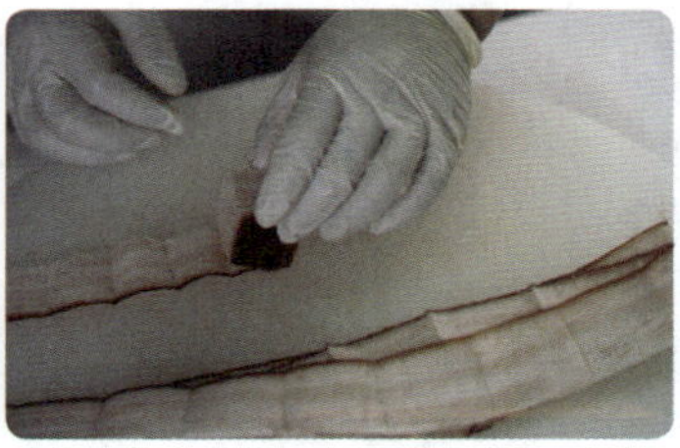
③

④

⑤

⑥

① 净锅中加水，放入五花肉，加入料酒、老抽、生抽、盐搅拌均匀，大火烧沸水，转中小火煮 1 小时，使五花肉成熟入味；
② 煮至五花肉表皮上色成酱红色取出，用模具固定成正方体，备用；
③ 五花肉用刀具沿四边片成 24 层，卷起，再放入模具中按压成型，备用；
④ 净锅上火，加入五花肉片、笋干段，加入老抽、盐着色，入味，放入模具中制成半成品；
⑤ 放入锅中蒸熟；
⑥ 肉从模具倒扣取出，摆入盛器，青菜焯水断生，放入盛器打底，荷叶饼放入蒸笼中蒸熟，取出摆入盛器中成菜。

注意事项

1. 煮好的五花肉须冻实后再沿四边进行切片。
2. 要将肉块完整切片，把控力度避免切断。

28. 钱江肉丝

操作视频

准备材料

主料：猪里脊肉 230g
辅料：春卷皮 10 张、葱 100g、姜 20g、鸡蛋清半个
调料：盐 2g、料酒 10g、甜面酱 15g、酱油 5g、芝麻油 5g、水淀粉 50g、白糖 10g

制作步骤

①

②

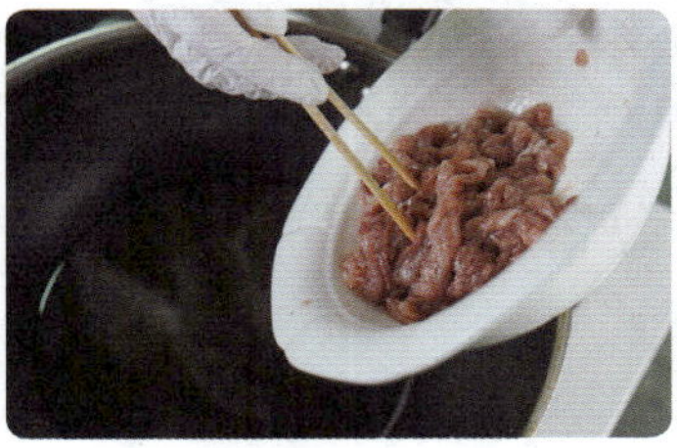
③

④

⑤

⑥

① 猪里脊肉冲水洗净，改刀切丝，装入盛器中，加入盐、料酒、鸡蛋清、水淀粉上浆，加入油，顺时针搅拌，备用；
② 葱切丝，姜切丝，垫于盛器底；
③ 净锅上火，将上好浆的肉丝用 4 成热的油滑熟，捞出沥油，备用；
④ 净锅上火，加入甜面酱炒出香味，加入料酒、酱油、白糖，加入肉丝，翻炒着色，出香，水淀粉勾芡，淋入芝麻油；
⑤ 出锅，肉丝放在葱丝上，春卷皮提前蒸熟，摆在肉丝周边；
⑥ 点缀成菜。

注意事项

1. 选用新鲜的全精猪里脊肉，刀工处理要粗细均匀。
2. 滑油时控制温度和时间，以免肉丝滑老或不熟。
3. 葱切丝时可将葱叶卷起，顶刀直切。

29. 精品鱼翅杭八仙

操作视频

准备材料

主料： 鸡腿肉 200g、素鱼翅 100g、海参 100g、鱼肚 100g、鲍鱼 100g、猪肚 100g、鞭笋 50g、鱼唇 100g

调料： 盐 5g、料酒 3g

制作步骤

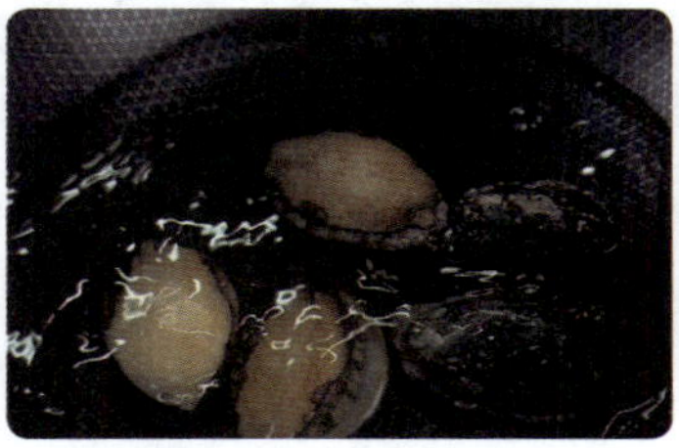

①

②

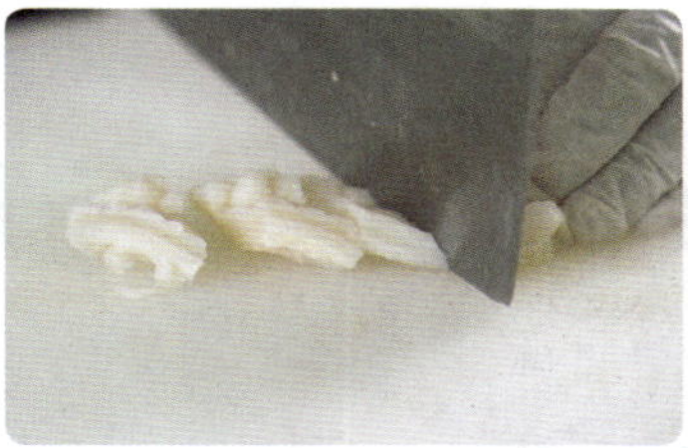

③

④

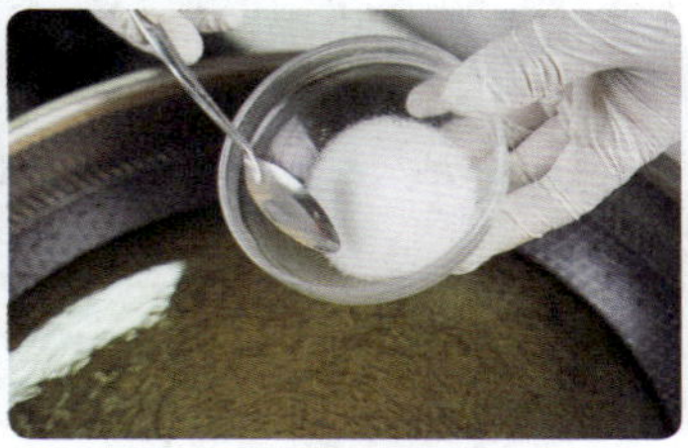

⑤

⑥

① 净锅中加水，将鲍鱼下锅焯水断生，捞出沥干，备用；
② 净锅中加水，鸡腿肉焯水断生，改刀成块，备用；
③ 鞭笋焯水断生，切滚刀块，备用，鱼唇切块，猪肚切块，备用；
④ 将海参、鲍鱼、素鱼翅放盛器中，加入鞭笋、鸡腿肉、鱼唇、猪肚，摆盘备用；
⑤ 锅中加入清水、盐、绍酒搅拌均匀，淋入盛器中，盖上保鲜膜；
⑥ 上蒸箱蒸制 1.5 ～ 2 小时，取出，撕开保鲜膜，点缀成菜。

注意事项

1. 海参、素鱼翅、鲍鱼均须浸透发软，洗净杂质。
2. 蒸制时须用中火。

30. 鳖蒸羊

据传，春秋时期齐桓公的近臣易牙擅长烹饪，对食鳖颇有研究。他创制了一道名为“鱼腹藏羊”的佳肴，即用鳖与羊合蒸而成的菜肴。这道菜味道鲜美无比，腥膻味全消，深受当时人们的喜爱。后来这道菜在南宋时期又被称为“鳖蒸羊”，并成为宫廷名菜和国宴上的常备佳肴之一。

操作视频

准备材料

主料： 羊肉 500g、鳖 1000g
辅料： 葱 50g、姜 50g、冬笋 50g、火腿 30g、枸杞 5g
调料： 盐 5g、料酒 10g

制作步骤

①

②

③

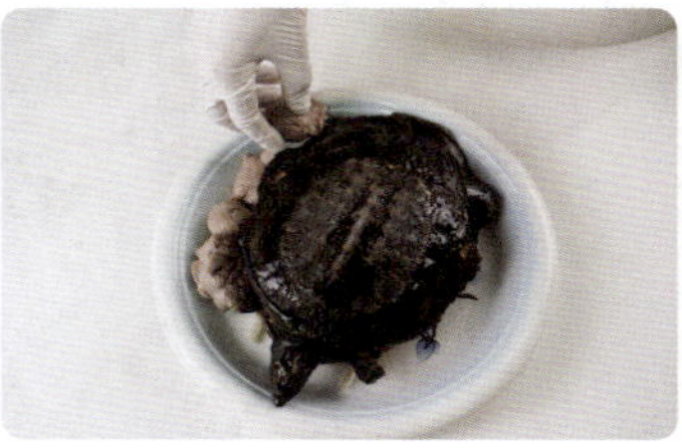
④

⑤

⑥

① 净锅中放清水，加入姜片，将羊肉焯水断生，冲水洗净，沥干水分，改刀切块，备用；
② 将冬笋、火腿冲水洗净，沥干水分，改刀切片，备用；
③ 将鳖宰杀，冲水洗净，焯水褪皮，放入盛器中，盛器底摆葱、姜、冬笋片、火腿片；
④ 将羊肉块摆放在鳖的周围，加入料酒、盐、葱、姜调味，去腥膻；
⑤ 鳖盖上加入火腿片、冬笋片，入蒸锅蒸制 45 分钟；
⑥ 出锅，点缀枸杞即可。

注意事项

1. 鳖烫泡过程不宜太久。
2. 羊肉要焯水去腥膻。

31. 元宝虾

操作视频

准备材料

主料： 明虾 300g
辅料： 葱 10g、姜 5g。
调料： 麦芽糖 10g、冰糖 30g、鱼露 10g、白醋 10g、盐 2g、胡椒粉 2g、料酒 10g

制作步骤

①

②

③

④

⑤

⑥

① 准备好主料、辅料、调料；
② 净锅加水，加入葱、姜、料酒、盐，水沸后加入明虾，煮熟捞出，备用；
③ 净锅加入油，油温 7 成热，加入明虾炸至酥脆，外壳膨松，捞起；
④ 待油温升至 8 成，加入明虾复炸，捞出沥油，备用；
⑤ 净锅加入清水，水沸后，加入鱼露、麦芽糖、冰糖、白醋、料酒、胡椒粉，放入炸好的明虾翻炒着色，入味；
⑥ 出锅，装入盛器，撒葱丝点缀。

注意事项

1. 明虾要选料新鲜，大小均匀。
2. 油炸过程要观其变化，外壳膨松即可。

32. 南宋群鲜羹

操作视频

准备材料

主料：鸡肉 30g、虾仁 50g、干贝 20g、鱿鱼 30g
辅料：辣椒丝 10g、葱丝 5g、火腿 15g、香菇 20g、鸡蛋 2 个
调料：盐 6g、醋 20g、料酒 10g、淀粉适量

制作步骤

①

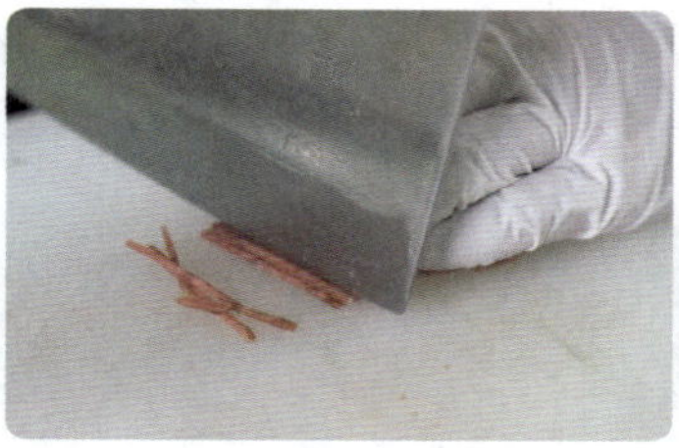

②

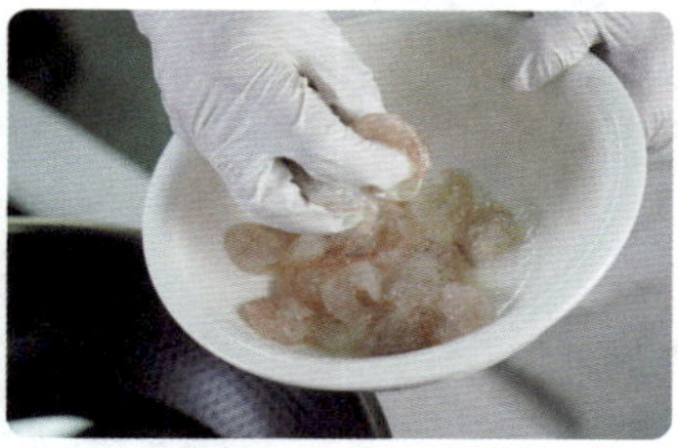

③

④

⑤

⑥

① 备好主料、辅料、调料。
② 将火腿切丝，香菇切丝，鸡肉、干贝撕成丝，备用；
③ 虾仁放入盛器中，加入水淀粉、蛋清顺时针搅拌均匀，滑油，捞出备用；鱿鱼切丝，装入盛器中，加入盐、水淀粉上浆，滑油，捞出备用；
④ 净锅上火，加入油，加入辣椒丝、香菇丝翻炒出香味；
⑤ 放入料酒、火腿丝、干贝丝、盐、鸡丝和火腿丝煮开，再放入虾仁和鱿鱼丝煮片刻，用淀粉勾薄芡，淋蛋液和醋推均匀；
⑥ 装入盛器中，撒上葱丝，成菜。

注意事项

1. 注意要勾薄芡。
2. 注重食材色彩的调配。

33. 越王东坡鸡

操作视频

准备材料

主料： 绍兴越鸡 1500g、带皮五花肉 500g
辅料： 葱 100g、姜 100g、稻草 150g
调料： 酱油 40g、料酒 50g、鸡精 30g、蚝油 50g、冰糖 50g、五香粉 50g

制作步骤

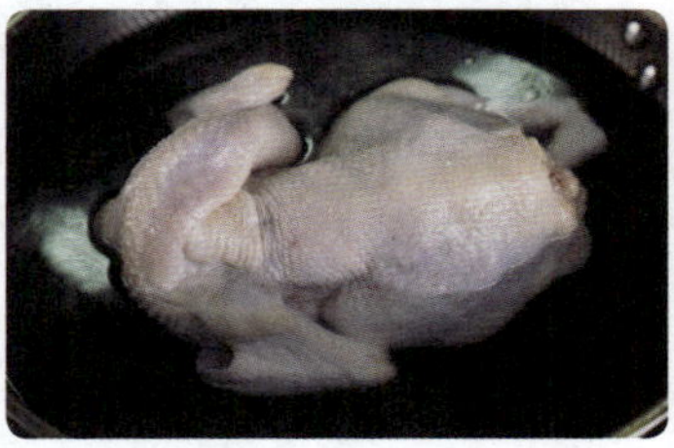
①

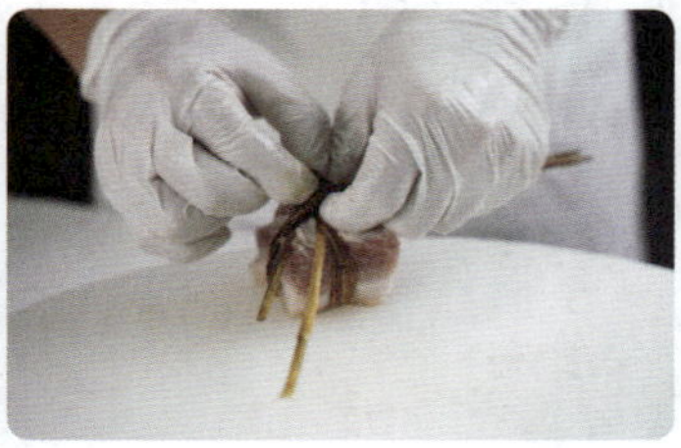
②

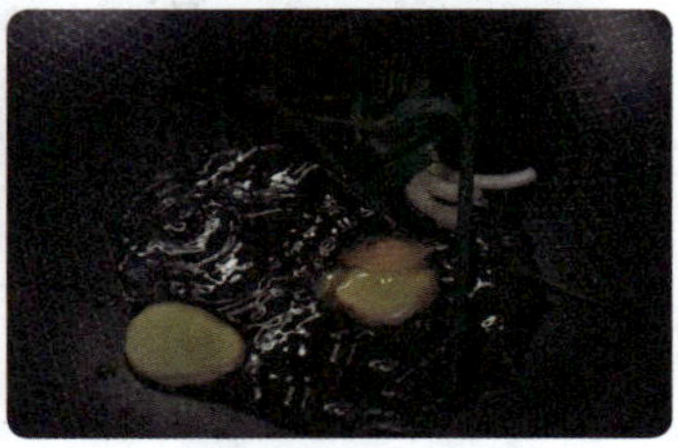
③

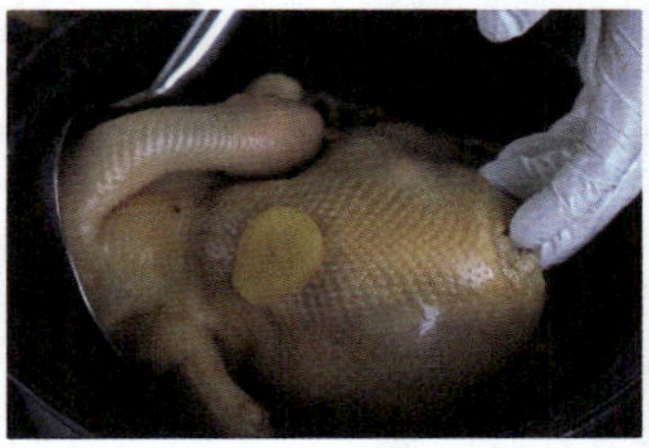
④

⑤

⑥

① 将鸡去掉臀尖和脚尖，洗净，将头向上，翅膀定型，入锅焯水，加入葱、姜、料酒，直至整只鸡熟透，捞出备用；
② 五花肉入锅焯水，加入葱、姜、料酒，煮制七成熟捞出，将五花肉改刀成五厘米方块，肉块绑稻草入稻香，备用；
③ 净锅上火，加入油，加入葱、姜，炒香后继续加入水、料酒、酱油、五香粉、蚝油、冰糖，将绑好的五花肉加入锅中着色，入味，大火烧开后，捞出五花肉备用；
④ 将竹篦放入砂锅底部，把鸡放入砂锅中；
⑤ 把扎好的肉放在鸡旁边，加入原锅的汤汁，文火煲制 1 小时；
⑥ 最后倒入锅中，大火收汁上色，出锅，装入盛器，葱丝点缀后成菜。

注意事项

1. 掌握好煨的火候，用小火。
2. 着色、入味过程烦琐，要仔细耐心。

34. 腐衣黄鱼卷

操作视频

准备材料

主料： 黄鱼 500g
辅料： 豆腐皮 4 贴、鸡蛋 1 个、葱 2g
调料： 盐 3g、料酒 5g、五香粉 1g、淀粉 10g

制作步骤

①
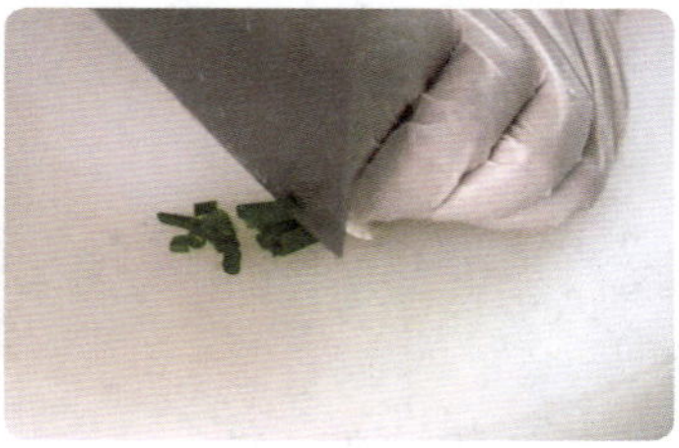
②

③
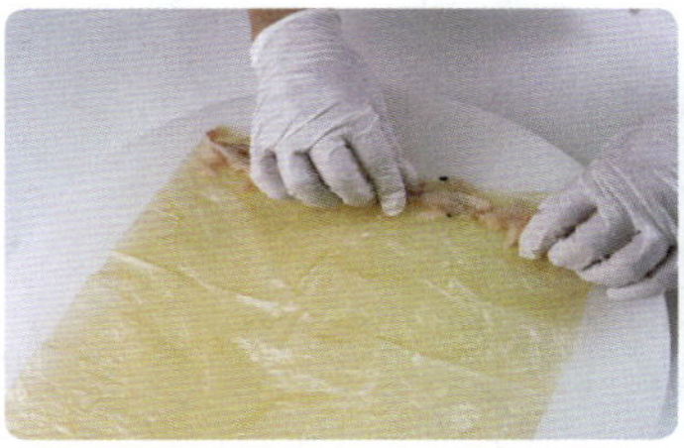
④

⑤

⑥

① 准备黄鱼、豆腐皮等各种材料；
② 将葱冲水洗净，切末；
③ 将黄鱼冲水洗净，去骨去皮，取鱼肉切成鱼丝，将切好的鱼丝加盐、五香粉、料酒、蛋清、葱末调味，再加入淀粉，顺时针搅拌均匀备用；
④ 将豆腐皮放上鱼丝卷成卷后，用蛋液封口；
⑤ 将卷好的豆腐皮斜切成菱形块；
⑥ 净锅上火，油温 4 成时，下黄鱼卷炸至金黄，捞出沥油，之后装入盛器。

注意事项

1. 卷包时不可太紧，否则口感不松脆。
2. 炸时要注意控制好油温，逐渐升温，使鱼肉成熟。

35. 南肉春笋

准备材料

主料： 咸肉 200g、春笋 300g
辅料： 菜心 50g、葱 5g、姜 5g
调料： 料酒 10g、盐 3g、胡椒粉 5g

制作步骤

①

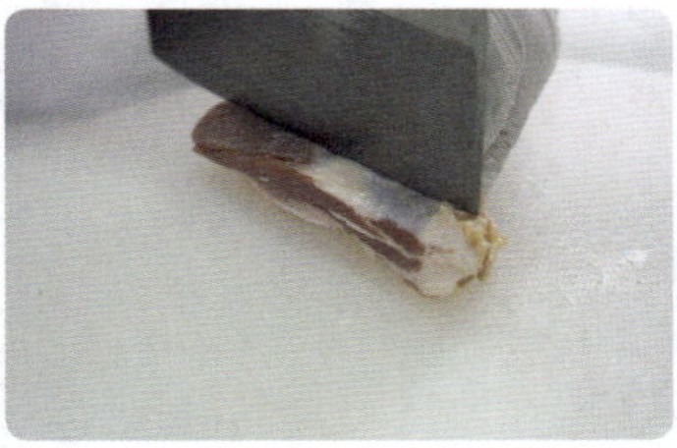

②

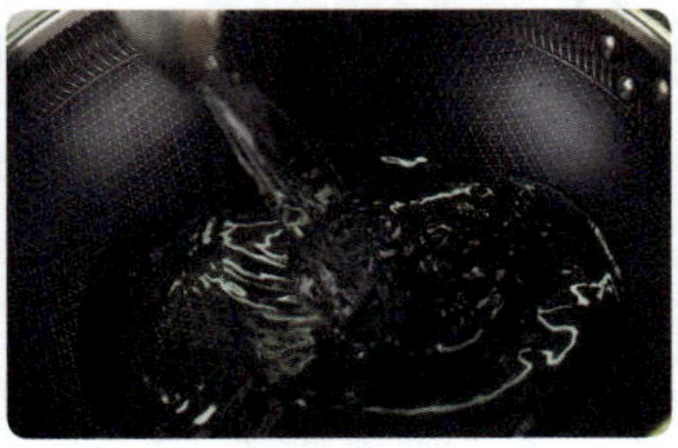

③

④

⑤

⑥

① 准备咸肉、春笋等各种材料；
② 将咸肉冲水洗净，改刀切块，备用；
③ 净锅加清水，加入菜心、春笋焯水过凉备用；
④ 净锅加清水，放入葱、姜，加入咸肉块，水沸后，捞出备用；
⑤ 净锅上火，加入咸肉块炒出油脂，加入笋块、料酒、清水，煮沸后，放盐、胡椒粉调味，小火烧制 30 分钟；
⑥ 出锅，装入盛器，菜心点缀，成菜。

注意事项

1. 选用新鲜的春笋。
2. 选用肥瘦适中的咸五花肉。

代表名菜

36. 西湖醋鱼

相传在南宋时期，有宋氏兄弟两人。当地一位恶霸见宋嫂年轻貌美，施计害死了宋兄，企图霸占宋嫂。这一突如其来的变故让宋家叔嫂悲痛欲绝，他们决定为宋兄报仇。他们告状无果，反遭毒打，被赶出衙门。宋嫂决定让小叔子远逃他乡避难。在分别之际，宋嫂特地为小叔子烧制了一碗用白糖和醋调味的鱼。她对小叔子说："这道菜有酸有甜，望你有出头之日，勿忘今日辛酸。"后来，宋弟投身抗金事业，最终立下赫赫战功。他回到杭州后，惩治了那个害死兄长的恶霸。然而，此时他发现宋嫂已经失去踪迹。一次偶然的机会，宋弟在宴席上品尝到一道与宋嫂当年烧制的鱼味道极为相似的菜肴。经过询问，得知这道菜正是由宋嫂所烹制，他激动不已，终于找到了在官家做厨工的宋嫂，叔嫂二人得以重逢团聚，"西湖醋鱼"这道菜也在民间流传开来。

操作视频

准备材料

主料：草鱼 750 克 / 条
辅料：姜 10g
调料：酱油 75g、白糖 60g、米醋 50g、淀粉 50g、盐 2g、料酒 5g

制作步骤

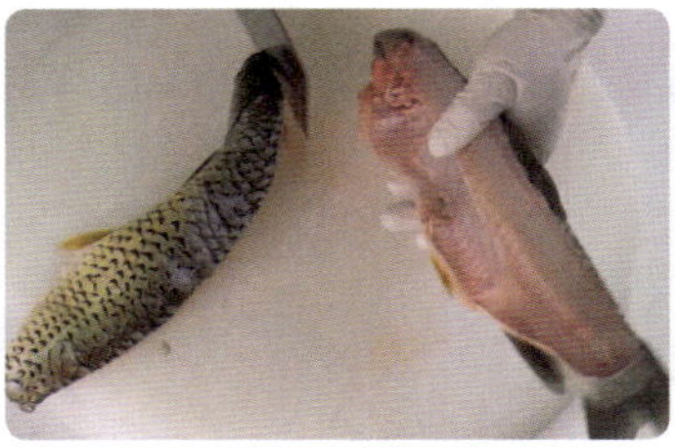
①

②

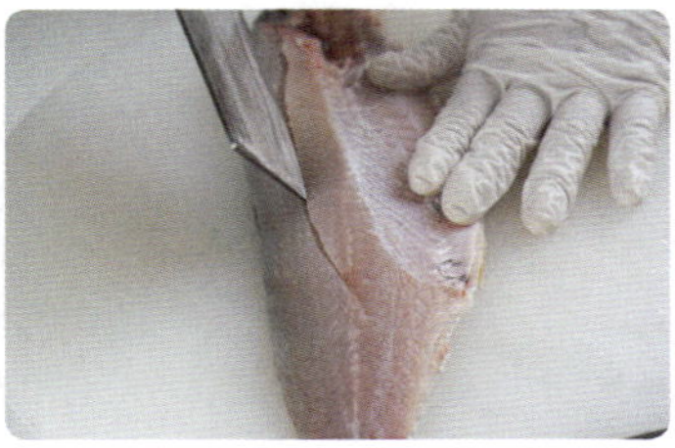
③

④

⑤

⑥

① 将鱼置于墩面，从尾部下刀沿背脊骨一劈为二，斩去二根鱼牙；
② 带脊骨部分，离腮盖四厘米处开始切牡丹花刀，间隔四厘米，第三刀处切断，一共切五刀；
③ 无脊骨部分内侧肉厚处，顺长划一刀，但不破皮，备用；
④ 净锅中加入清水，大火将水烧沸后，加入鱼转小火养熟，捞出后淋上酱油；
⑤ 净锅中加入清水，米醋、白糖、酱油、盐、姜末、水淀粉勾芡，搅拌均匀，成料汁；
⑥ 将料汁浇淋在鱼身上，撒上姜末，成菜。

注意事项

1. 草鱼改刀七刀半定形，要控制好间隔与深度。
2. 要沸水下鱼，控制好时间。
3. 调味要先酸后甜再咸鲜，勾芡要一次完成。

37. 三丝敲鱼

操作视频

准备材料

主料： 净黄鱼肉 100g
辅料： 熟鸡胸肉 50g、水发香菇 25g、熟火腿 20g、菜心 60g
调料： 盐 5g、料酒 3g、淀粉 100g

制作步骤

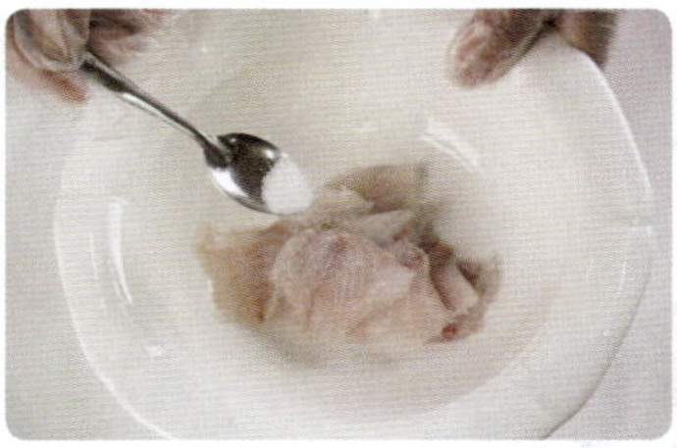
①

②

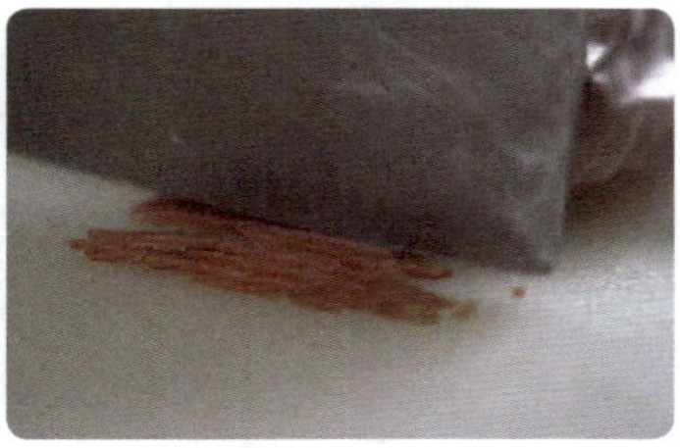
③

④

⑤

⑥

① 将黄鱼鱼肉改刀切薄片，加盐、料酒腌制备用；
② 将鱼片放置墩面，撒淀粉，轻敲成薄片，入沸水中焯熟，捞出过冷水，切成条状；
③ 将熟鸡胸肉、熟火腿、水发香菇改刀切细丝；
④ 净锅中加入清水，水煮沸后，加入鱼条、火腿、香菇、鸡胸肉及料酒、盐，搅拌均匀；
⑤ 出锅，装入盛器中，点缀菜心。
⑥ 成菜。

注意事项

1. 鱼肉要提前去刺，木棒敲时用力要均匀。
2. 汆清水时要掌握好时间，不宜过长。

38. 东坡肉

苏轼在杭州任知州期间，组织民工疏浚西湖，筑堤建桥，使西湖旧貌变新颜。杭州的老百姓为了感谢他，纷纷杀猪宰羊，担酒携菜。苏轼收到后，便让家人将肉切成方块，烧得红酥酥的，然后分送给参加疏浚西湖的民工们吃。大家吃后无不称奇，把苏轼送来的肉都亲切地称为“东坡肉”。

操作视频

准备材料

主料：五花肉 1000g
辅料：姜 30g、葱 30g
调料：白糖 100g、酱油 50g、料酒 100g、盐 15g

制作步骤

①

②

③

④

⑤

⑥

① 净锅加入清水，加入五花肉，冷水焯水断生；
② 五花肉取出，改刀成正方形块，沥干备用；
③ 取大砂锅一只，放入竹垫，先铺上葱段、姜片，肉皮向下摆放，加入白糖、酱油、料酒、盐；
④ 大火烧开后，盖上盖，转用微火，焖 1 小时左右；
⑤ 开盖，将肉块翻身，皮向上，再盖上盖，焖半小时至酥烂，撇去浮油，转放入陶罐中；
⑥ 成菜。

注意事项

1. 要选皮薄的五花肉，改刀要正方形，形状美观。
2. 以酒代清水，选用优质料酒烹制，用小火焖制，肉烂而不走形。

39. 清汤越鸡

相传乾隆皇帝下江南时，巡游到绍兴，正值中午时分，他感到饥饿难耐，便到一户农民家中吃饭。农户家中没有什么好菜，便杀了一只越鸡清炖。鸡汤炖好，乾隆皇帝品尝后赞不绝口，连连夸赞这道菜的美味。从此以后，清汤越鸡这道菜便成为朝廷的贡品，名声远扬。

操作视频

准备材料

主料：净越鸡一只 1000 克左右
辅料：菜心 50g、熟火腿片 25g、熟冬笋片 25g、水发干香菇 6 朵、葱 25g、姜 30g
调料：盐 3g、料酒 10g

制作步骤

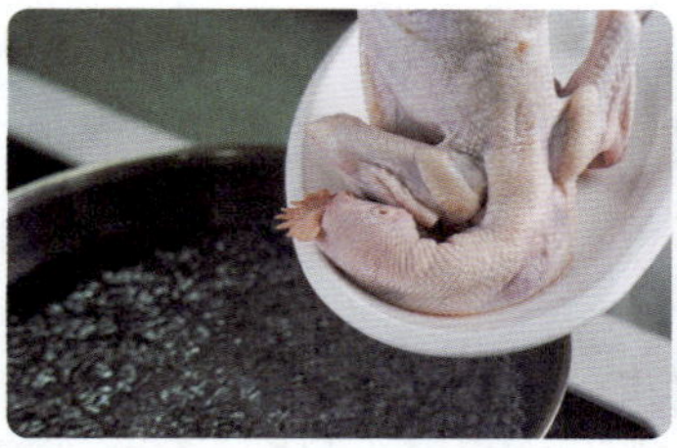
①

②

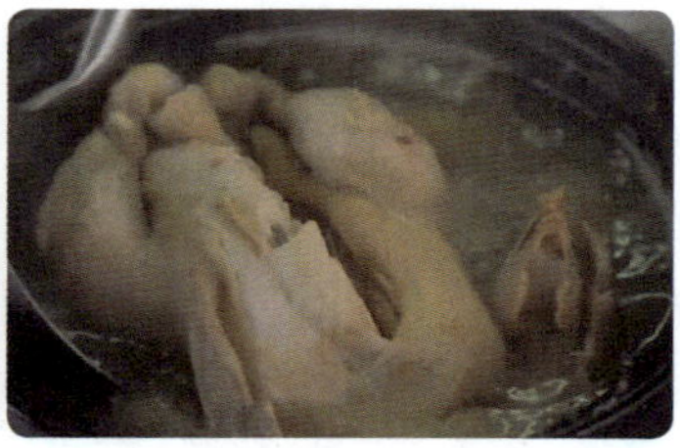
③

④

⑤

⑥

① 将越鸡去除内脏，冲水洗净，放入沸水中，加入料酒，焯水断生，捞出；
② 取大砂锅一只，用竹垫垫底，放入鸡；
③ 砂锅加入清水，加入葱结、姜块、料酒，加盖，用大火烧沸，撇去浮沫，改用小火，继续炖一小时，捞出，转入品锅内；
④ 加入熟火腿片、熟冬笋片、香菇，排列在鸡身上，倒入原汤，加入盐、料酒；
⑤ 蒸锅上汽，蒸 30 分钟；
⑥ 将焯熟的菜心放在炖好的鸡上，成菜。

注意事项

1. 一定要用小火，控制好时间。
2. 越鸡焯水后要把血水洗净。

40. 宋嫂鱼羹

宋嫂鱼羹创制于南宋淳熙年间，相传由南迁的厨娘宋五嫂首创而得名。宋五嫂本是汴京（今河南开封）的民间厨娘，跟随南迁队伍来到杭州，继续制作鱼羹，并将原来用的黄河鲤鱼换成西湖鳜鱼。一日，宋高宗赵构乘船游览西湖，船泊苏堤时，偶然尝到宋五嫂的鱼羹。这碗鱼羹口味鲜美、风味独特，宋高宗对其赞誉有加，使得宋嫂鱼羹名声大噪，成为杭州的一道名菜。

操作视频

准备材料

主料： 鲈鱼肉 100g

辅料： 熟火腿 15g、熟笋肉 25g、香菇 25g、鸡蛋 1 个、葱 5g、姜 5g

调料： 盐 2g、胡椒粉 1g、陈醋 25g、料酒 20g、淀粉适量

制作步骤

①

②

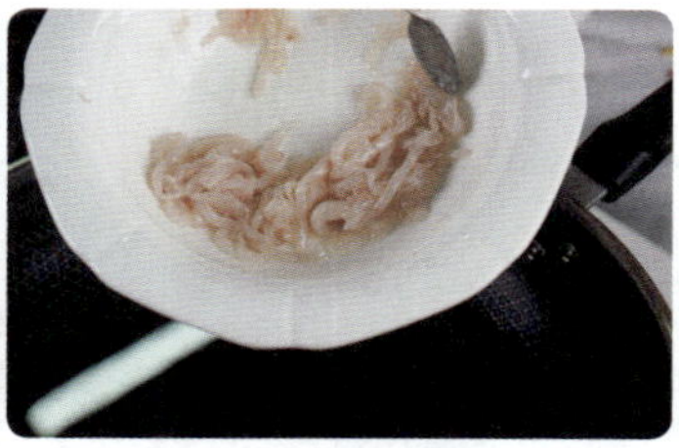

③

④

⑤

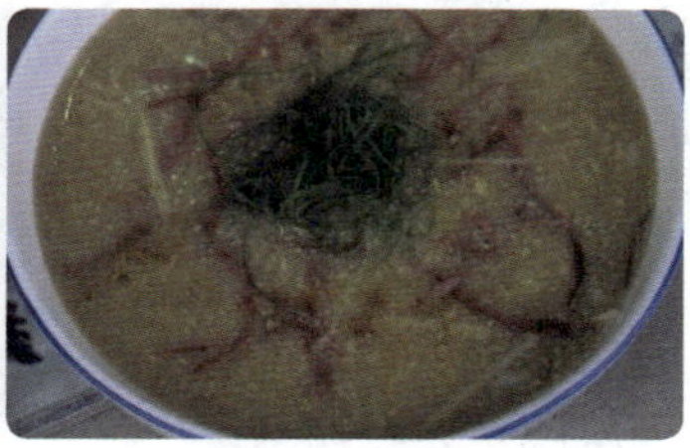

⑥

① 将鲈鱼鱼肉改刀切丝，加入盐、料酒、蛋清、水淀粉搅拌均匀，上浆备用；

② 将熟火腿改刀切丝，熟笋肉改刀切丝，香菇改刀切丝，葱、姜均改刀切丝，鸡蛋打匀，备用；

③ 净锅上火，加入清油，加入鱼丝，将鱼丝滑油至熟，倒出，沥油备用；

④ 净锅上火，加入清油，加入葱段炒香，加入清汤烧沸；

⑤ 去除葱段，加入陈醋、料酒、盐、笋丝、香菇丝、鱼丝、水淀粉勾薄芡，加入蛋液、油，再次加入陈醋推匀；

⑥ 出锅，装入盛器中，撒上火腿丝、葱丝、姜丝，撒入胡椒粉，成菜。

注意事项

1. 鱼肉切丝，上浆动作要轻。
2. 滑油时，要控制好油温及火候。
3. 芡汁厚薄要适度。

41. 梅干菜扣肉

北宋年间，苏东坡在惠州居住时，曾派两位名厨前往杭州西湖学习厨艺。厨师们学成归来后，苏东坡让他们模仿“东坡扣肉”，加入梅干菜这一本地特色食材，从而创制出“梅干菜扣肉”。这道菜因其独特的风味很快在当地流行开来，成为宴席上的美味佳肴。

操作视频

准备材料

主料： 猪五花肉 400 克
辅料： 绍兴梅干菜 80g、菜心 8 棵、姜片 25g、葱结 1 个
调料： 酱油 50g、白糖 30g、蚝油 15g、料酒、八角 1 枚

制作步骤

①

②

③

④

⑤

⑥

① 将五花肉块冲水洗净，去除毛发，加入姜片、葱结，煮至断生，捞出，沥干备用；
② 净锅上火，加入清油，用少许酱油抹在五花肉肉皮上，6 成油温，肉皮油炸至变黄，捞出；
③ 将猪肉块改刀切片，取盛器，垫入八角，放入猪肉片；
④ 净锅加入清水，加入酱油、白糖、料酒、蚝油搅拌均匀，出锅，浇在扣肉上，加上姜片；
⑤ 梅干菜冲水洗净，提前蒸一个小时，加入油，加入白糖翻炒均匀，覆在扣肉上，加入葱结，封保鲜膜；
⑥ 放入蒸笼蒸 2 小时，出笼倒扣，装入盛器，点缀焯好的菜心，成菜。

注意事项

1. 五花肉以五花三层为上佳。
2. 油温六成，热猪皮朝下炸 2 分钟后翻面。

42. 龙井虾仁

操作视频

准备材料

主料：净河虾仁 300g
辅料：龙井茶叶 2g、新鲜茶叶 2g
调料：盐 3g、料酒 3g、蛋清 1 只、淀粉 3g、龙井茶水 2g

制作步骤

①

②

③

④

⑤

① 准备好河虾仁等各种材料；
② 将虾仁装入盛器中，加入盐、味精、蛋清、干淀粉码味上浆，搅拌均匀，备用；
③ 净锅上火，加入油，油温 3 成，加入虾仁滑熟；
④ 虾仁倒出沥油后再次入锅，迅速加入茶汤、料酒、盐、翻炒均匀，淋油；
⑤ 出锅，装入盛器，点缀新鲜茶叶，成菜。

注意事项

1. 茶叶要选明前龙井茶。
2. 虾仁选用手剥河虾仁。

43. 冰糖甲鱼

相传清朝时期，宁波有一家临江而开的小酒馆，掌柜的是一位烹饪高手，尤其擅长制作冰糖甲鱼，这道菜以其清香、咸甜适中的口感而闻名。有一天，酒馆里迎来两位进京赶考的举人，在品尝了店内的多道佳肴后，对最后上桌的冰糖甲鱼赞不绝口，询问其名字。掌柜看到这两位书生即将进京赶考，灵机一动，便为这道菜取名为“独占鳌头”，寓意两位书生能够高中状元。后来，其中一位书生果然中了状元，他衣锦还乡再次来到这家酒馆，点名要吃“独占鳌头”，并为酒馆题写了“状元楼”的匾额。从此，这家酒馆和冰糖甲鱼名噪浙东，成为人们口中的佳话。

操作视频

准备材料

主料： 甲鱼一只 800g
辅料： 笋 70g、蒜 30g、葱 10g、姜 10g
调料： 酱油 40g、冰糖 30g、料酒 20g、米醋 10g

制作步骤

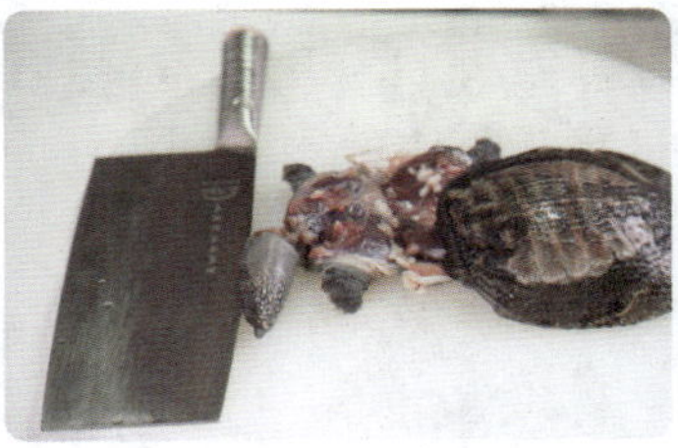

①

②

③

④

⑤

⑥

① 将甲鱼宰杀，洗净血水，备用；葱、姜冲水洗净，沥干备用；
② 净锅加入清水，加入甲鱼、笋，焯水后捞出；
③ 净锅上火，加入清油，加入蒜、葱段，姜片炒香；
④ 加入甲鱼、笋、料酒、白糖、酱油焖烧；
⑤ 加入米醋，水淀粉勾芡；大火收汁，淋上清油推匀，撒上冰糖；
⑥ 装入盛器中，成菜。

注意事项

1. 甲鱼的品质要好。
2. 讲究火候，以小火烧制酥烂。
3. 注意调味的层次，以保证菜品的特有风味。

44. 雪菜大汤黄鱼

操作视频

准备材料

主料：大黄鱼 750g
辅料：笋 50g、雪菜 100g、姜 10g、葱 5g
调料：盐 3g、猪油 75g、料酒 20g

制作步骤

①

②

③

④

⑤

⑥

① 将黄鱼改刀，两侧每隔三厘米割一刀；雪菜梗改刀切粒，笋改刀切片，姜改刀切片，葱打结，备用；
② 净锅上火，加入猪油，加入大黄鱼，将大黄鱼煎至两面金黄，淋入料酒；
③ 加入沸水、姜片、葱结，大火烧开，转中火，煮至八成熟时，撇去浮沫，加入笋片、雪菜；
④ 煮至汤色浓白，加入盐，搅拌均匀；
⑤ 出锅，装入盛器；
⑥ 浇入汤汁，成菜。

注意事项

1. 要大火烧开，转中火烧制。
2. 煎黄鱼时要慢慢煎。

45. 火踵神仙鸭

操作视频

准备材料

主料：肥鸭一只 1250g
辅料：火踵 100g、葱 30g、姜块 15g、菜心、饺子一盘
调料：盐 15g、料酒 30g

制作步骤

①

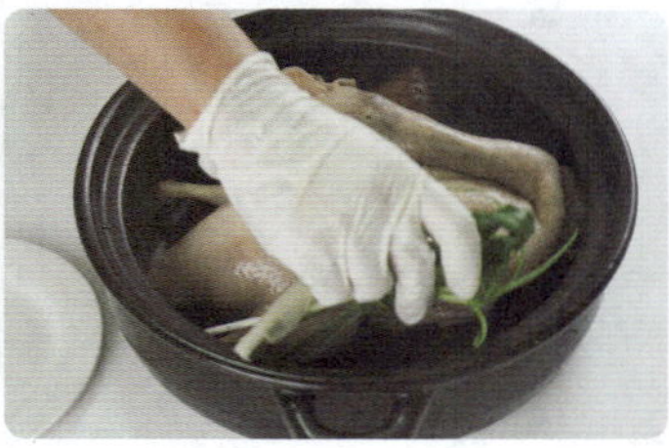
②

③

④

⑤

⑥

① 净锅加入水，鸭子放入沸水中，煮 3 分钟，去除血水，敲断腿梢骨，冲水洗净，沥干备用；
② 取大砂锅一只，用竹垫垫底，鸭腹朝下，火踵并排摆在上面，加入葱结、姜块，加入清水；
③ 大火烧沸后，移至文火上焖炖 3 小时后，启盖，撇去浮油，加入盐、料酒；
④ 在文火上继续焖煮 5 分钟至火踵、鸭子酥烂；
⑤ 将火踵取出切厚片，整齐地覆盖在鸭腹上面，菜心、饺子放入四周；
⑥ 成菜。

注意事项

1. 选用优质老鸭，炖制时注意把控火候。
2. 调味要清淡。

酒店流行菜

46. 年糕梭子蟹

准备材料

主料：梭子蟹 300g
辅料：手指年糕 100g、姜 3g、葱 3g
调料：盐 3g、料酒 5g、淀粉适量

制作步骤

①

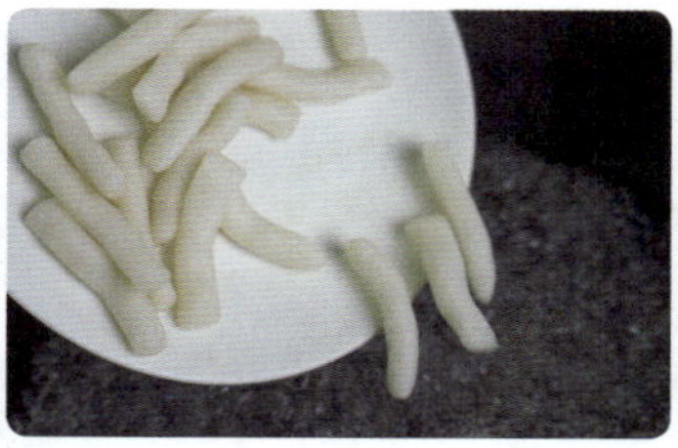
②

③

④

⑤

⑥

① 将梭子蟹宰杀，冲水洗净，改刀成块，留完整蟹壳，备用；葱切段，姜切丝，备用；
② 净锅中加清水，加盐，水沸后，下手指年糕焯水，捞出备用；
③ 净锅上火，将蟹块刀口处拍上淀粉，油温 4 成时，下蟹块滑油，炸至变色成熟，捞出备用；
④ 净锅上火，炒香葱、姜；
⑤ 加入蟹块、年糕、料酒、盐、水翻炒均匀；
⑥ 出锅，淋上清油后，装入盛器，成菜。

注意事项

1. 蟹要选鲜活的。
2. 油炸时间不要太久，要保持蟹肉鲜嫩。

47. 香煎糯米鸭

操作视频

准备材料

主料：净鸭 1 只
辅料：糯米 500g
调料：盐 5g、花椒 10g、干辣椒 10g、绍酒 20g、鸡精 3g

制作步骤

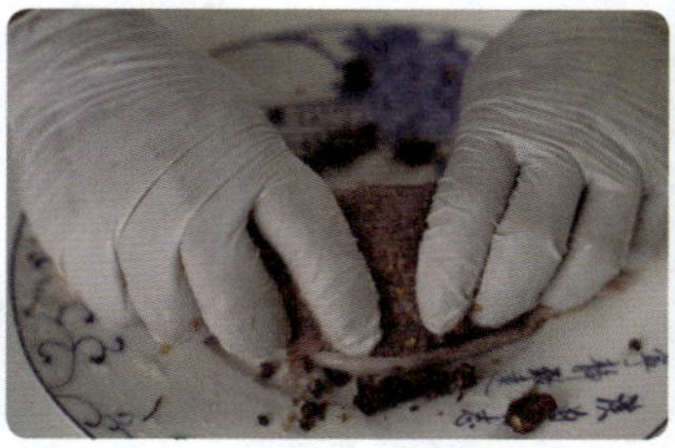
①

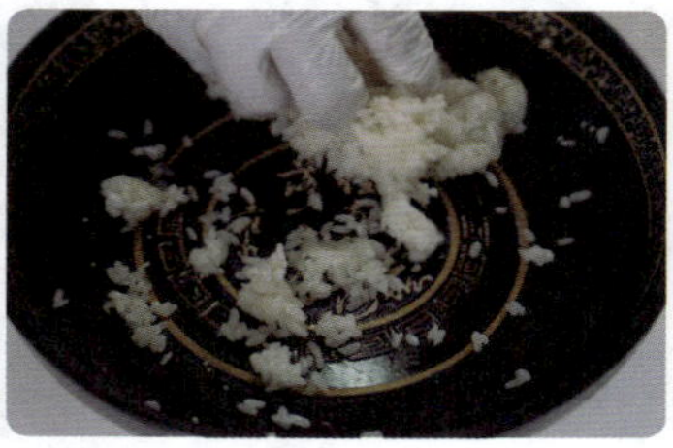
②

③

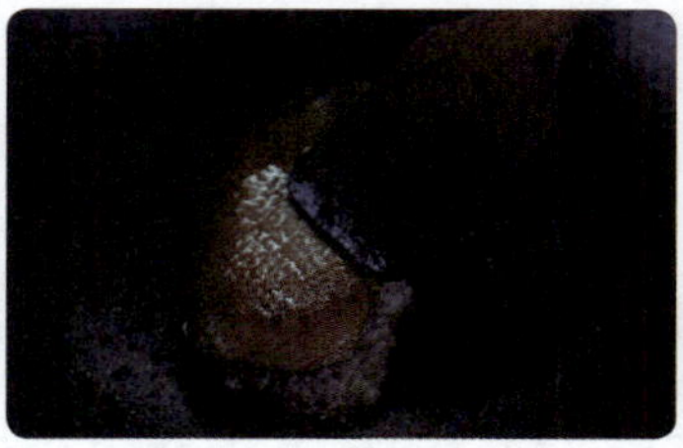
④

⑤

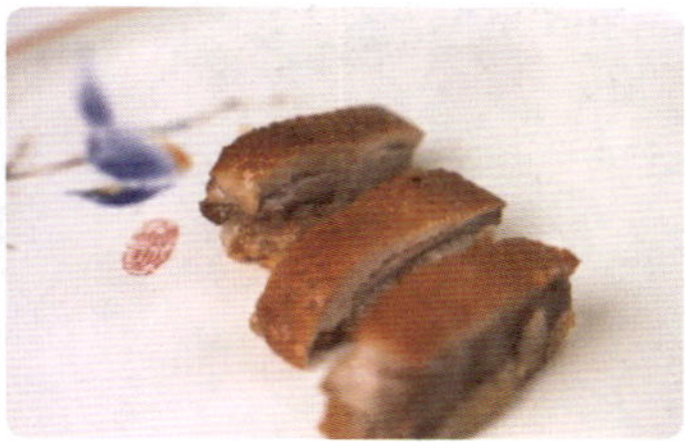
⑥

① 整鸭去骨，取鸭胸脯肉，装入盛器中，用花椒、干辣椒、盐涂抹均匀，腌制 30 分钟；将腌制好的鸭胸脯肉放入蒸锅中蒸熟，取出，备用；
② 将糯米放入蒸锅中蒸熟，加入鸡精、盐、绍酒调味，搅拌均匀；
③ 将加工后的糯米放在蒸熟的鸭肉上，用平盛器压实定形；
④ 净锅上火，加入清油，加入定形后的糯米鸭，两面煎至金黄；
⑤ 出锅，改刀切块；
⑥ 装入盛器，成菜。

注意事项

1. 鸭肉须去骨干净，腌制入味。
2. 煎制过程中注意把握火候。
3. 压扁的过程中注意压紧实。

48. 龙虾芙蓉蛋

操作视频

准备材料

主料：小青龙 500g
辅料：鸭蛋 9 个、枸杞 10g
调料：盐 20g、淀粉 10g、鸡精 5g

制作步骤

①

②

③

④

⑤

⑥

① 将小青龙冲水洗净，去头去尾待用，取出龙虾肉改刀成丁，冲水使龙虾肉变白，备用；
② 龙虾肉沥干水分，装入盛器中，放入盐、淀粉、鸡精上浆，顺时针搅拌均匀，备用；
③ 将蛋开一个小口，取出蛋液，打散搅拌均匀，装入蛋壳中，放入蒸箱蒸制 10 分钟取出，备用；
④ 净锅上火，将龙虾壳放入 5 成油温中炸制定型，摆入盛器中；
⑤ 净锅加水，水沸后，将上浆好的龙虾肉在开水中烫制成熟，加入盐，水淀粉勾玻璃芡，将龙虾肉放入翻炒均匀，放入每个蒸好的蛋中，摆入盛器中；
⑥ 放入枸杞，点缀成菜。

注意事项

1. 小青龙取肉时要完整，方便改刀成形。
2. 龙虾肉易碎，上浆腌制时要注意手法，时间不要太长，以保证龙虾肉口感鲜嫩。

49. 皮儿荤素

操作视频

准备材料

主料：里脊肉 50g、水发肉皮 100g、泗乡豆腐皮 9 贴、熟鸡肉 50g
辅料：浆虾仁 50g、熟猪肚 50g、姜 5g、葱 5g、春笋 50g、小青菜 2 棵
调料：酱油 15g、淀粉 25g、白糖 1g

制作步骤

①

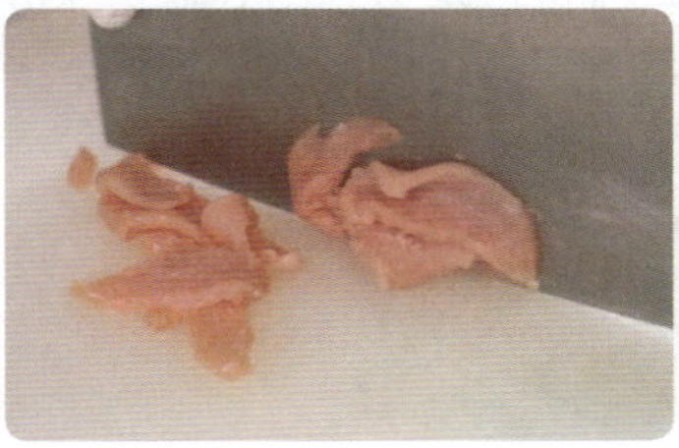

②

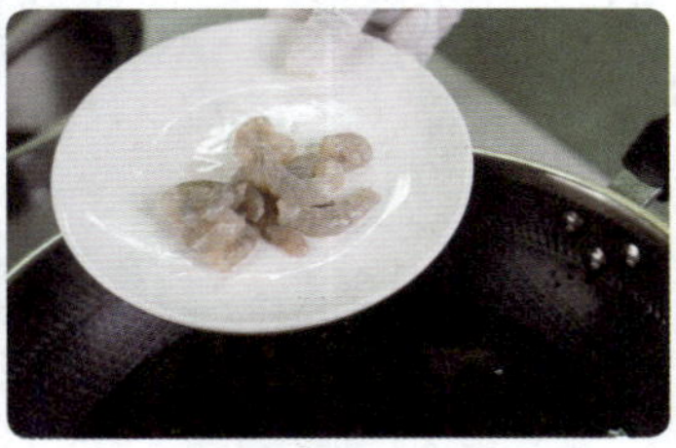

③

④

⑤

⑥

① 准备各种主料、辅料、调料；
② 将里脊肉切片，水发肉皮切长条，熟鸡肉切长条，熟猪肚切片，备用；姜、笋切片，小青菜切碎，葱切段，备用；
③ 净锅上火，油温 3 成，放入浆虾仁滑油至熟，捞出备用；
④ 净锅上火，油温 4 成，将泗乡豆腐皮叠齐，切成六块后，放入油中，炸至金黄色，捞出备用；
⑤ 净锅上火，加入姜片、葱段炒香，加入里脊肉翻炒均匀，最后加入熟鸡肉、笋片、水发肉皮、熟猪肚，加入盐、白糖、清水、酱油翻炒着色，入味；加入清水，水沸后，放入泗乡豆腐皮，淋入水淀粉，勾薄芡；
⑥ 出锅装入盛器，撒上熟虾仁，成菜。

注意事项

1. 食材改刀要均匀，注意原料投放先后顺序。
2. 豆腐皮油炸时要注意油温，上色即可捞出。

50. 蜜汁鲥鱼

操作视频

准备材料

主料： 鲥鱼 2000g
辅料： 姜 50g、火腿 50g、葱 50g
调料： 盐 5g、白糖 5g、酒糟 60g、蒸鱼豉油 100g、料酒 60g

制作步骤

①

②

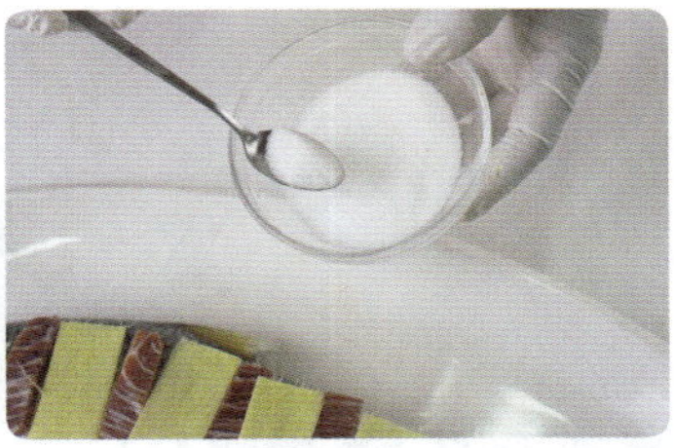
③

④

⑤

⑥

① 将鲥鱼去除内脏（不用去鳞片），冲水洗净，沥干备用；
② 火腿切片，葱切丝，备用；
③ 将鲥鱼摆入盛器中，放上火腿片、姜片，加入盐、白糖、料酒、酒糟调味；
④ 放入蒸箱，蒸 15 ～ 18 分钟取出，淋上蒸鱼豉油；
⑤ 撒上葱丝；
⑥ 成菜。

注意事项

1. 鲥鱼鳞片营养丰富，可以食用，不要去掉。
2. 调味不要太重。

51. 鳕鱼虾卷

操作视频

准备材料

主料： 鳕鱼 500g、虾仁 100g
辅料： 面包糠 100g、鸡蛋 1 个
调料： 盐 1g、料酒 15g、鸡精 5g、白糖 5g、甜辣酱 10g

制作步骤

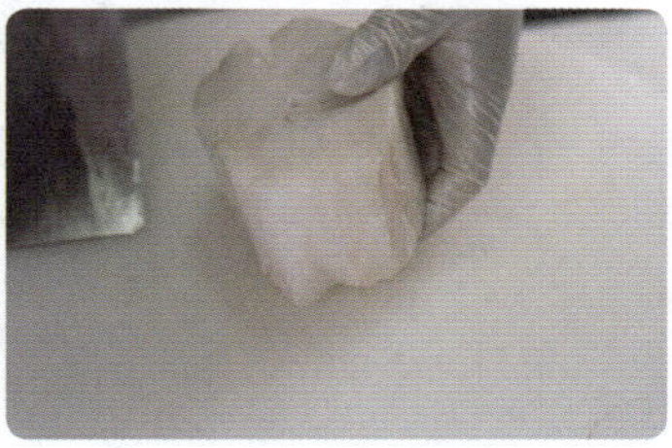
①
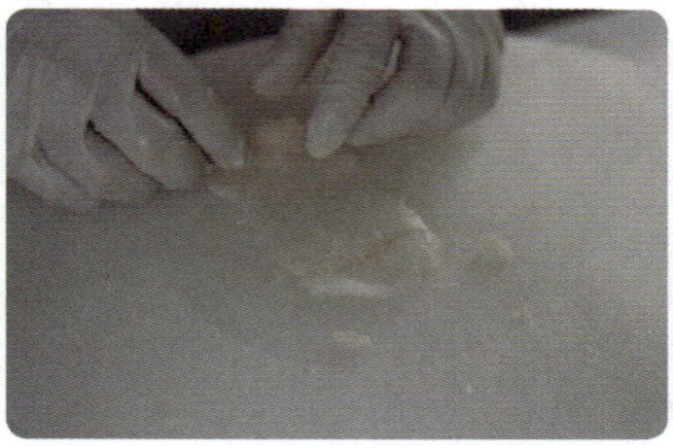
②

③

④

⑤

⑥

① 将鳕鱼肉冲水洗净，改刀切长薄片备用；
② 将虾仁剁碎，加盐、料酒、鸡精、白糖调味；取鳕鱼肉薄片，放上虾肉，卷成长筒状，备用；
③ 将鳕鱼虾卷表面蘸上蛋液，裹上面包糠，备用；
④ 净锅上火，油温 5 成热，放入鳕鱼卷炸制金黄，捞出沥油；
⑤ 将炸好的鳕鱼卷依次摆入盛器中；
⑥ 点缀成菜。

注意事项

1. 在炸鳕鱼时，油温不宜过高，以免外焦里生。
2. 改刀要仔细，大小要一致。

52. 东坡牛排

操作视频

准备材料

主料： 牛排 1500g
辅料： 葱 200g、姜 200g
调料： 料酒 750g、老抽 50g、冰糖 100g

制作步骤

①

②

③

④

⑤

⑥

① 将牛排冲水洗净，改刀成段备用；
② 葱切段、葱打结，姜拍碎，备用；
③ 净锅中加入水，水沸后，加入葱、姜、料酒，放入牛排，焯水断生，捞出备用；
④ 取砂锅一只，垫上葱、姜，摆上牛排，加入冰糖、料酒、老抽，加满水，文火焖制 2.5 小时；
⑤ 焖制期间将牛排依次翻面；
⑥ 出锅，摆入盛器，点缀成菜。

注意事项

1. 要用文火，控制炖煮时间。
2. 牛排改刀要大小一致，不要太大。

53. 杭椒蘑菇炒鸡柳

准备材料

主料：鸡胸肉 200g
辅料：杭椒 50g、口蘑 50g、葱 5g、姜 5g
调料：盐 4g、料酒 10g、淀粉 20g、蛋清 20g

制作步骤

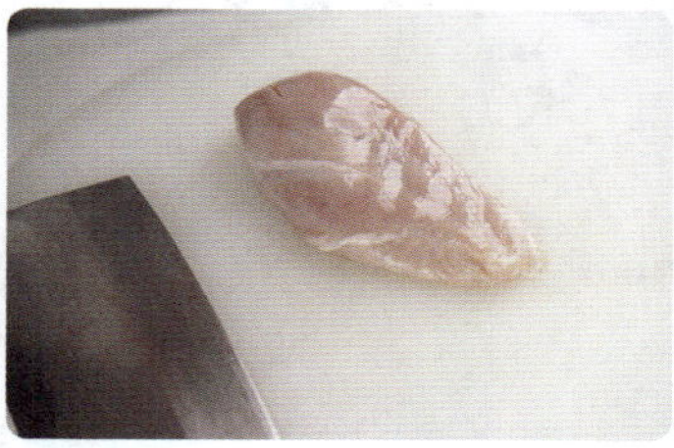
①

②

③

④

⑤

⑥

① 将鸡胸肉冲水洗净，改刀成条或柳叶片，沥干备用；
② 杭椒拍松后，对半切开，蘑菇改刀切厚片，备用；
③ 将鸡胸肉装入盛器中，放入盐、料酒、淀粉、蛋清腌制上浆，顺时针搅拌均匀，备用；
④ 净锅上火，加入清油，油温 3 ～ 4 成热时，分别加入鸡胸肉、杭椒、口蘑，滑熟后，捞出备用；
⑤ 净锅上火，加入清油，加入葱、姜片炒香，加入盐、料酒翻炒均匀，加入鸡胸肉、杭椒、口蘑，翻炒均匀，水淀粉勾芡；
⑥ 出锅，装入盛器。

注意事项

1. 原料改刀要均匀。
2. 滑油时温度不宜过高，否则易糊锅，鸡柳会变柴。

54. 田园时蔬

准备材料

主料： 去皮马蹄 100g、西兰花 100g、手指胡萝卜 100g
辅料： 木耳 50g
调料： 盐 5g

制作步骤

①

②

③

④

⑤

⑥

① 将去皮马蹄、西兰花、手指胡萝卜冲洗干净，沥干备用；
② 西兰花改小块，去皮马蹄切厚片，手指胡萝卜切片，木耳水发冲洗干净，备用；
③ 净锅中加入清水，加入去皮马蹄、西兰花、手指胡萝卜、木耳依次焯水断生，捞出备用；
④ 净锅上火，加入清油，加入去皮马蹄、西兰花、手指胡萝卜、木耳翻炒均匀，加入盐翻炒入味；
⑤ 出锅，装入盛器；
⑥ 成菜，美化外观。

注意事项

1. 原料分别焯水的时间要掌握好。
2. 炒制时注意火候的把控。

55. 肉饼蒸肉蟹

操作视频

准备材料

主料： 阳澄湖大闸蟹 350g
辅料： 鸡蛋 1 个、五花肉 150g、葱 5g、姜末 5g
调料： 料酒 35g、生抽 5g、淀粉 10g、盐 3g、白胡椒粉 20g

制作步骤

①

②

③

④

⑤

⑥

① 将阳澄湖大闸蟹蟹壳两边用刷子洗刷干净，将蟹改刀成块，留完整蟹壳；
② 将五花肉冲水洗净，改刀成肉末，肉末里放入姜末、白胡椒粉、盐、淀粉、生抽、料酒、清油，顺时针搅拌均匀；
③ 肉末里打一个鸡蛋，搅拌均匀，静置 10 分钟，将调好的肉末均匀抹在盛器底部；
④ 将螃蟹块摆放在肉末上；
⑤ 上锅蒸制 15 分钟，取出；
⑥ 撒上葱花，浇上热油，成菜。

注意事项

1. 掌握肉蟹改刀的方法。
2. 把握蒸制时间。

56. 武林东坡牛腩

操作视频

准备材料

主料： 带皮牛腩 800g
辅料： 葱 10g、姜 10g
调料： 酱油 100g、料酒 50g、白糖 100g

制作步骤

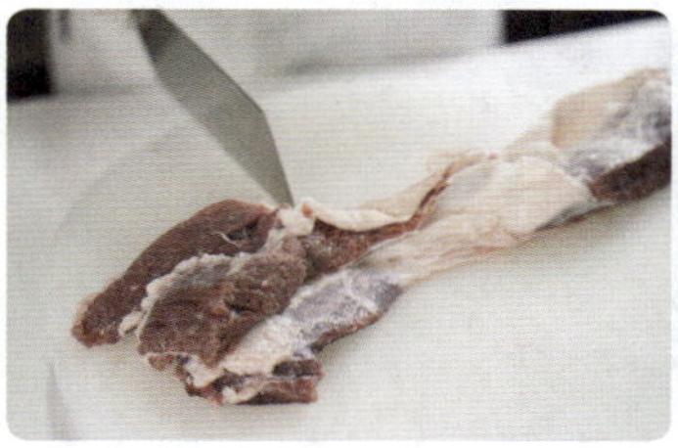

①

②

③

④

⑤

⑥

① 将带皮牛腩冲水洗净，改刀切块，沥干备用；
② 净锅中加水，加入姜片、葱结、料酒，加入牛腩焯水断生，捞出备用；
③ 净锅上火，加入清油、葱、姜，加入牛腩，加入料酒、酱油、清水、白糖翻炒着色；
④ 大火烧开，转小火慢炖至熟，大火收汁至汤汁浓稠；
⑤ 出锅，装入盛器；
⑥ 成菜。

注意事项

1. 牛腩须炖制熬煮入味。
2. 调色时注意酱油的用量。

57. 蟹粉莼菜鱼珠

准备材料

主料： 青鱼 1 条
辅料： 莼菜 100g、蟹黄 50g、蛋清 1 个
调料： 盐 8g、胡椒粉 3g、淀粉 20g、鸡精 3g、葱姜水 5g、蟹油 3g

制作步骤

①

②

③

④

⑤

⑥

① 将青鱼沿鱼背中骨取下鱼肉，去皮，取净鱼肉，切成丁，冲水洗净，沥干备用；蟹黄切小粒；
② 将鱼肉放入破壁机中，加入葱姜水，打成鱼茸，取出用密漏过滤一遍；
③ 将净鱼茸加盐，顺时针搅拌上劲，再加入鸡蛋清，搅拌至浓稠；
④ 净锅加入清水，小火烧制，70℃时，将鱼茸用手勺通过密漏挤压成珠形，入锅内小火养至熟，浮起；
⑤ 净锅加入水，莼菜入沸水，焯水断生，冲凉备用；
⑥ 净锅加入清水，将蟹黄、莼菜、鱼珠烧开，下盐、胡椒粉、鸡精搅拌均匀，水淀粉勾芡，淋蟹油，出锅。

注意事项

1. 鱼肉要清洗干净，顺时针搅拌上劲。
2. 鱼茸入锅时，水不能沸。

58. 竹荪清汤鸡翅煲

操作视频

准备材料

主料：老母鸡 1 只、水发鱼翅 100g
辅料：水发竹荪 50g、火腿 10g、姜 20g、葱 20g、菜心 4 棵
调料：料酒 20g、盐 10g

制作步骤

①

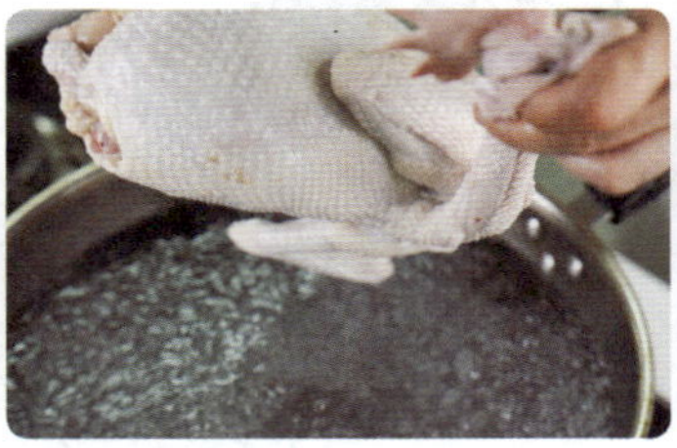
②

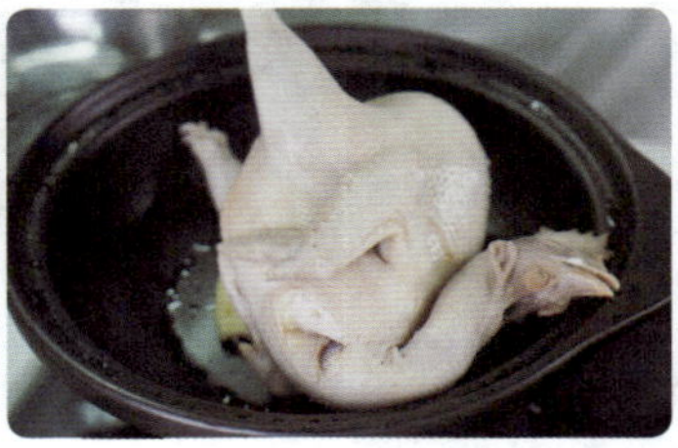
③

④

⑤

⑥

① 将老母鸡宰杀，去除内脏；将水发鱼翅、水发竹荪冲水洗净，沥干备用；
② 净锅加入清水，加入料酒，老母鸡焯水断生，捞出备用；
③ 砂锅内放葱结、姜块、老母鸡、火腿、料酒和清水，大火烧开；
④ 小火炖煮 2 小时后，加入竹荪；
⑤ 放入水发鱼翅再炖煮 25 分钟，放入盐、菜心，炖 5 分钟；
⑥ 成菜。

注意事项

1. 选用优质老母鸡，掌握好炖制的火候。
2. 注意鱼翅水发过程。

59. 秘制长脚蟹

操作视频

准备材料

主料：长脚蟹 950g
辅料：米酒 10g、葱 5g、姜 5g
调料：盐 5g、白糖 5g、香油 5g、淀粉 5g、鸡精 5g

制作步骤

①

②

③

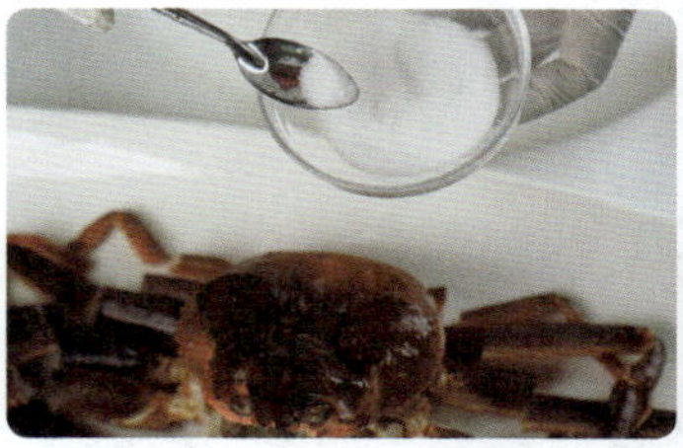
④

⑤

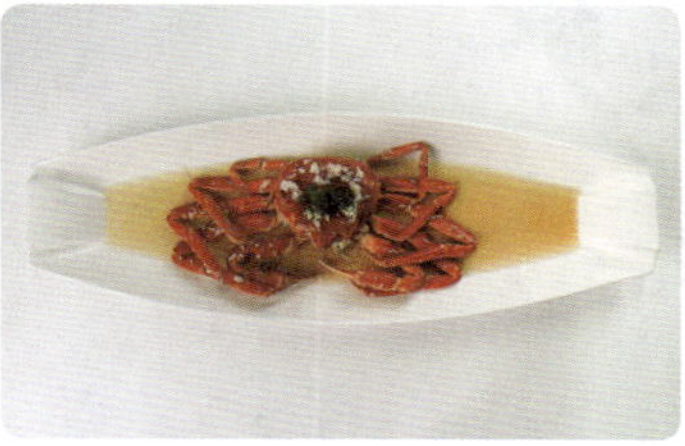
⑥

① 准备好主料、辅料、调料；
② 将长脚蟹冲水洗净，改刀切块，蟹壳保留完整，沥干备用；
③ 将长脚蟹摆入盛器中成原蟹形；
④ 加入葱、姜、盐、鸡精、白糖、米酒、香油、水淀粉；
⑤ 放入蒸箱蒸制 12 ～ 15 分钟，取出；
⑥ 撒入葱丝点缀，成菜。

注意事项

1. 控制好蒸制时间，会更加鲜香。
2. 在蒸之前涂抹食用油，色泽会更加鲜艳。

60. 四珍鱼圆

操作视频

准备材料

主料： 鱼泥 300g
辅料： 熟火腿 40g、水发香菇 1 朵、菜心 3 棵、浆虾仁 25g、鸡胸肉 20g、熟干贝 20g
调料： 盐 10g、姜汁水 10g、淀粉 5g

制作步骤

①

②

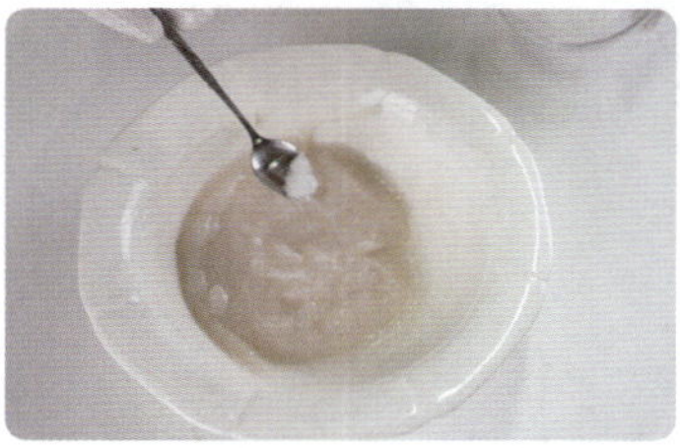
③

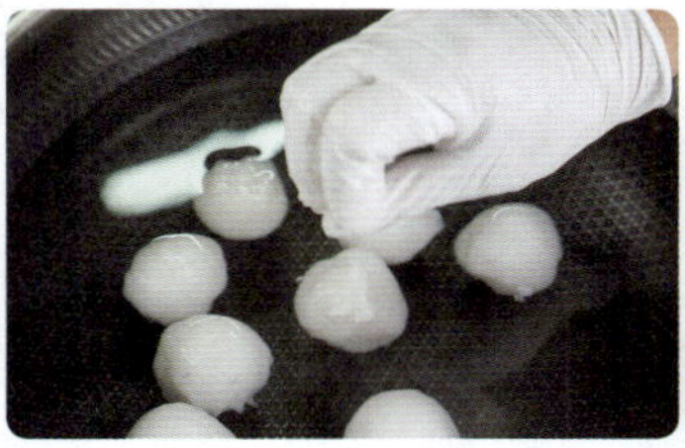
④

⑤

⑥

① 准备好所有主料和辅料；
② 将熟火腿、鸡胸肉、浆虾仁、熟干贝斩成末，装入盛器中，放入盐、淀粉搅拌均匀，制成馅料备用；
③ 鱼泥置大碗内，加入盐、姜汁水，顺时针搅打上劲；
④ 净锅中加入清水，抓起鱼泥，挤成大小均匀的丸子，包入馅料，入清水中，小火养熟，捞出放入汤碗，盛入汤；
⑤ 菜心、香菇、火腿片焯水，捞出；
⑥ 点缀到汤碗内，成菜。

注意事项

1. 如果四珍馅料事先制好做成小丸子，要冷藏。
2. 搅打上劲时要顺着一个方向。

61. 五彩花枝片

操作视频

准备材料

主料： 墨鱼肉 200g
辅料： 荷兰豆 20g、红椒 10g、腰果 20g、香菇 20g、葱 5g、姜 5g、蒜 5g
调料： 盐 15g、淀粉 20g

制作步骤

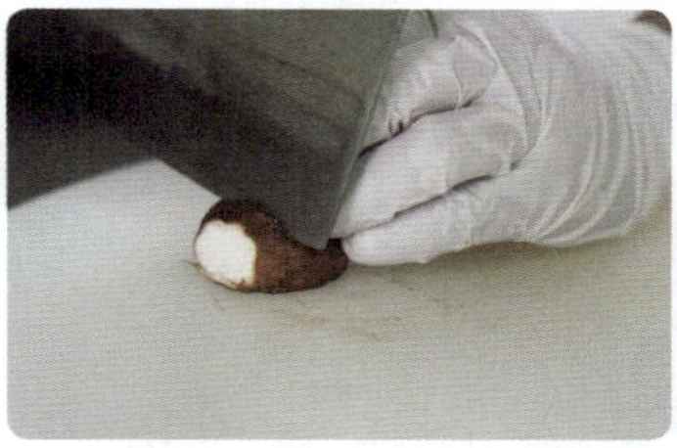

①

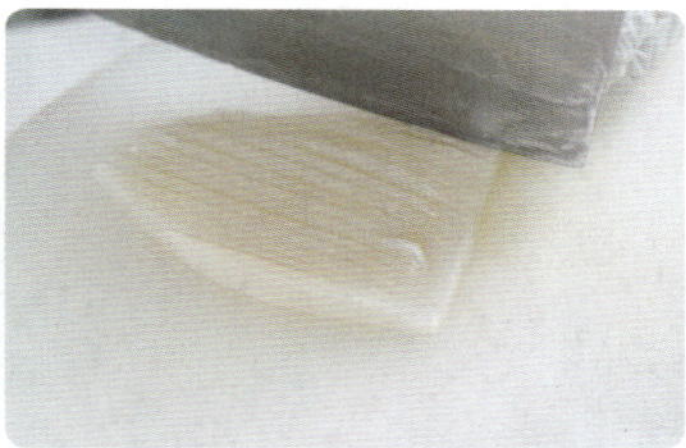

②

③

④

⑤

⑥

① 将香菇、红椒用水洗净，改刀切片，备用，荷兰豆撕去边筋，改刀切菱形片，备用；
② 墨鱼肉冲水洗净，改刀花枝状，沥干，腌制备用；
③ 净锅上火，加入清油，油温 3 ～ 4 成热，加入墨鱼肉、香菇片、红椒片、荷兰豆片过油，捞出，沥油备用；
④ 净锅上火，加入油，加入葱、姜、蒜末炒香，加入盐翻炒均匀，水淀粉勾芡；
⑤ 加入墨鱼肉、荷兰豆、红椒片、香菇片，加入腰果，翻炒均匀；
⑥ 出锅，装入盛器，成菜。

注意事项

1. 选用优质新鲜墨鱼。
2. 掌握花枝片的改刀方法。

62. 杭椒小炒松板肉

操作视频

准备材料

主料：松板肉 150g
辅料：杭椒 50g、红椒 50g、葱 2g、姜 2g、蒜 2g
调料：酱油 5g、盐 2g、白糖 3g、料酒 5g

制作步骤

①

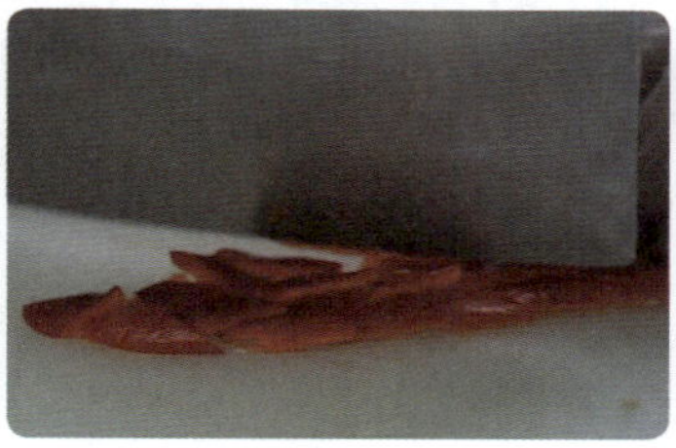

②

③

④

⑤

⑥

① 准备好主料、辅料、调料；
② 将杭椒改刀斜切，红椒改刀切菱形片，备用；葱切段，姜、蒜切片，备用；
③ 将松板肉冲水洗净，改刀切片，沥干备用；
④ 净锅上火，加入清油，加入松板肉翻炒成熟；
⑤ 放入葱、姜、蒜，加入杭椒和红椒，酱油、料酒、盐、白糖调味翻炒均匀，着色，入味；
⑥ 出锅，装入盛器，成菜。

注意事项

1. 要控制好油温。
2. 杭椒和红椒断生即可出锅。

63. 特色甜豆

操作视频

准备材料

主料： 甜豆 150g
辅料： 风干肉 50g、笋 50g、虾仁 50g、葱 15g、姜 30g
调料： 盐 2g、白糖 30g、淀粉 5g

制作步骤

①

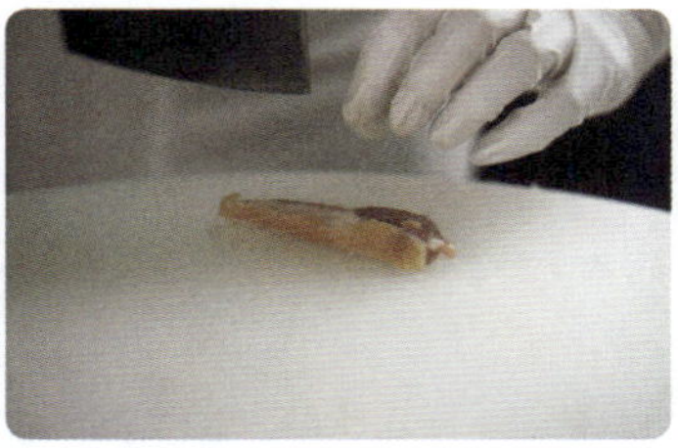

②

③

④

⑤

⑥

① 准备好各种材料；
② 将风干肉切丁，笋切丁备用；
③ 甜豆、虾仁分别焯水，捞出过冷水；
④ 锅上火，放入清油，下风干肉丁炒香，下笋丁、甜豆、虾仁，加盐、糖翻炒均匀；
⑤ 淋入淀粉勾芡，淋油；
⑥ 出锅装盘成菜。

注意事项

1. 虾仁制熟时间不宜过长，以保持其口感鲜嫩。
2. 甜豆焯水时不宜过久。

64. 私房红烧肉

准备材料

主料： 五花肉 1000g
辅料： 笋干 100g、葱 10g、姜 10g
调料： 冰糖 40g、酱油 100g、料酒 150g、盐 2g

制作步骤

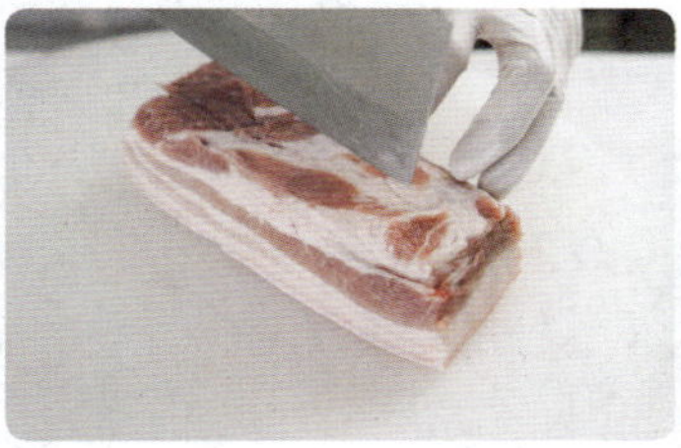

①

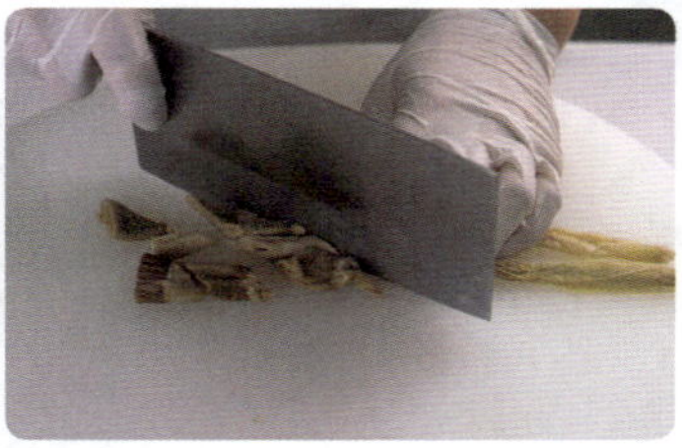

②

③

④

⑤

⑥

① 将五花肉冲水洗净，改刀切正方形块，加入锅中焯水断生，捞出，沥干备用；
② 笋干温水泡发，改刀切段备用；
③ 将葱、姜洗净，改刀成葱段、葱花、姜块，备用；
④ 取砂锅上火，放入油、葱段、姜块，放入五花肉煸炒至表皮焦黄，加入料酒、酱油、冰糖、盐，炒至着色；
⑤ 加入笋干，加清水，小火烧至入味，至肉质酥而不烂时，大火收汁到汤汁浓稠；
⑥ 出锅，装入盛器，点缀葱花，成菜。

注意事项

1. 五花肉皮上的杂质要处理干净。
2. 糖色不宜炒过，否则会变苦。

65. 滋味大肠煲

操作视频

准备材料

主料： 熟大肠 500g
辅料： 洋葱 100g、红椒 25g、青蒜 15g、葱 10g、姜 10g、蒜 10g
调料： 生抽 25g、老抽 20g、白糖 10g、料酒 20g

制作步骤

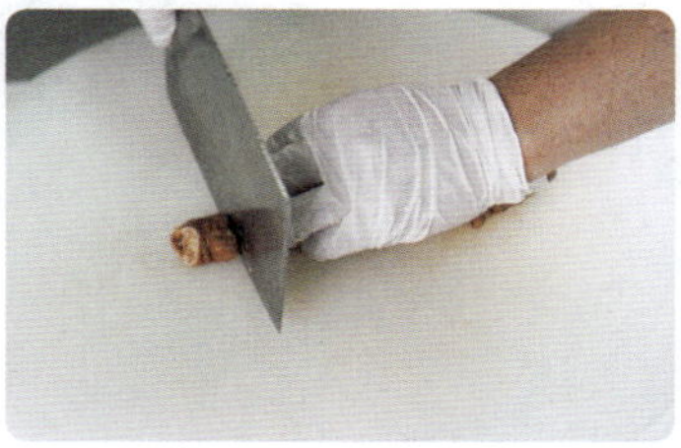
①

②

③

④

⑤

⑥

① 将熟大肠改刀切段，洋葱改刀切片，红椒改刀切片，青蒜改刀切段，冲洗干净，沥干备用；
② 净锅上火，加入油，5 成油温，加入熟大肠，炸干水分捞出，沥油备用；
③ 取砂锅，垫入洋葱片；
④ 净锅上火，加入油，加入葱、姜、蒜炒香，加入红椒炒香，再加入炸好的大肠，加入料酒、生抽、老抽、白糖着色，入味，翻炒均匀，出锅；
⑤ 盛入垫有洋葱的砂锅中，再烧 15 分钟；
⑥ 撒青蒜，成菜。

注意事项

1. 炸制时注意油温。
2. 熟练掌握大肠的洗涤方法及卤熟大肠的方法。

66. 大师蜜汁肉

操作视频

准备材料

主料： 五花肉 500g
辅料： 葱 10g、黄瓜 30g、薄饼 6 张
调料： 白糖 8g、叉烧酱 20g、淀粉适量

制作步骤

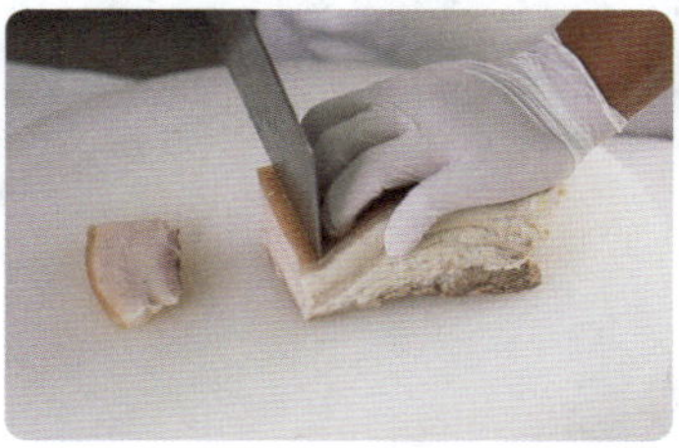
①

②
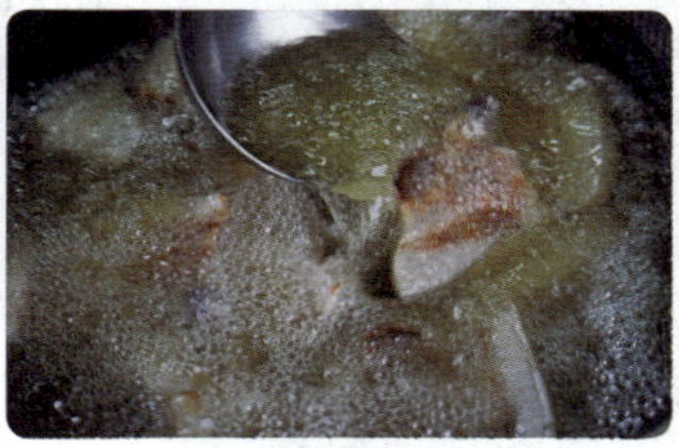
③
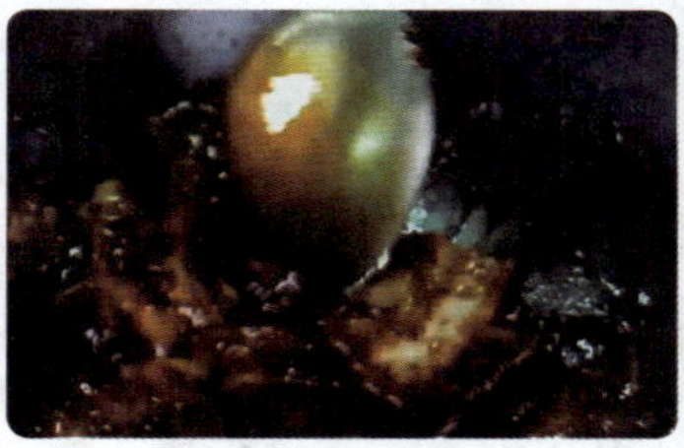
④
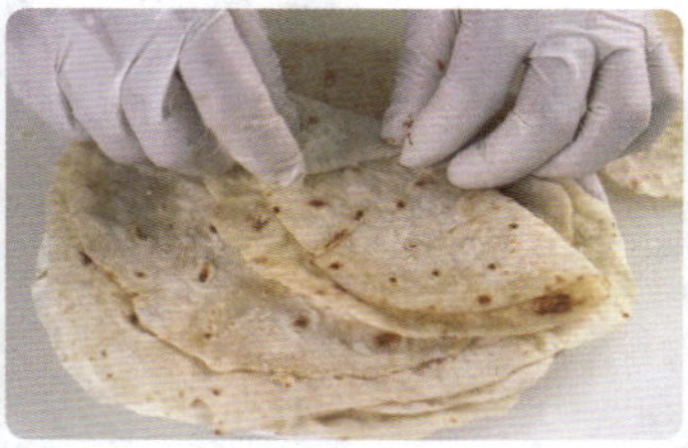
⑤

⑥

① 净锅加入清水，将五花肉焯水煮熟，改刀切片，备用；
② 黄瓜改刀切丝，葱改刀切段，装入盛器中备用；
③ 净锅上火，加入清油，油温 8 成热，将熟五花肉片拍干淀粉，加入油锅中炸至金黄，捞出备用；
④ 净锅上火，加入清油，加入叉烧酱、白糖，熬制成蜜汁，加入炸好的五花肉片翻炒裹匀蜜汁，装入盛器中，淋上蜜汁；
⑤ 薄饼卷成滚筒状，黄瓜条、葱段摆在盛器旁边；
⑥ 五花肉片摆入盛器中，成菜。

注意事项

1. 五花肉切片要均匀，油炸时油温不要过高。
2. 熬制蜜汁时注意火候不要大。

67. 麻婆海参豆腐

操作视频

准备材料

主料：豆腐 400g、海参 200g
辅料：牛肉粒 50g、青蒜 50g、葱 10g、姜 10g、蒜 10g
调料：火锅底料 20g、豆瓣酱 20g、生抽 20g、老抽 15g、白糖 5g、料酒 20g、淀粉 10g

制作步骤

①

②

③

④

⑤

⑥

①将豆腐冲水洗净，改刀成丁状，净锅中加入水，水沸后，放入豆腐丁焯水，捞出备用；
②净锅上火，加入清油，放入牛肉粒炒香，再加入葱、姜、蒜末翻炒后加入豆瓣酱，翻炒出香味；
③再加入料酒、生抽、老抽、白糖、火锅底料，加入水发海参翻炒均匀，加入清水，倒入豆腐，小火烧至入味；
④旺火收汁，水淀粉勾芡，撒上青蒜；
⑤装入盛器中；
⑥成菜。

注意事项

1. 掌握海参的水发过程。
2. 豆腐在焯水时可以加点盐。
3. 烧制豆腐时，动作要轻，以免破碎。

68. XO 酱爆小瓜鲜贝

操作视频

准备材料

主料： 鲜贝 80g
辅料： 云南小瓜 150g、辣椒 15g
调料： 盐 5g、XO 酱 30g、淀粉适量

制作步骤

①

②

③

④

⑤

⑥

① 将云南小瓜、辣椒冲水洗净；
② 云南小瓜改刀切厚片，辣椒切片；
③ 净锅中加清水，加入盐，加入云南小瓜片、鲜贝、辣椒，焯水断生，捞出备用；
④ 净锅上火，加入清油，加入鲜贝、云南小瓜、辣椒，加入 XO 酱炒香、盐，翻炒均匀；
⑤ 加入水淀粉勾芡，淋油；
⑥ 出锅，装入盛器，点缀成菜。

注意事项

1. 选用鲜嫩的云南小瓜。
2. 焯水时要加入盐。

69. 一品山菌汤

操作视频

准备材料

主料： 羊肚菌 100g、牛肝菌 100g、白玉菇 50g、杏鲍菇 50g、竹荪 50g、虫草花 50g、香菇 50g
辅料： 金华火腿 100g、猪棒骨 500g、葱 10g、姜 10g、枸杞 10g
调料： 盐 2g、鸡精 2g、白糖 5g、胡椒粉 3g

制作步骤

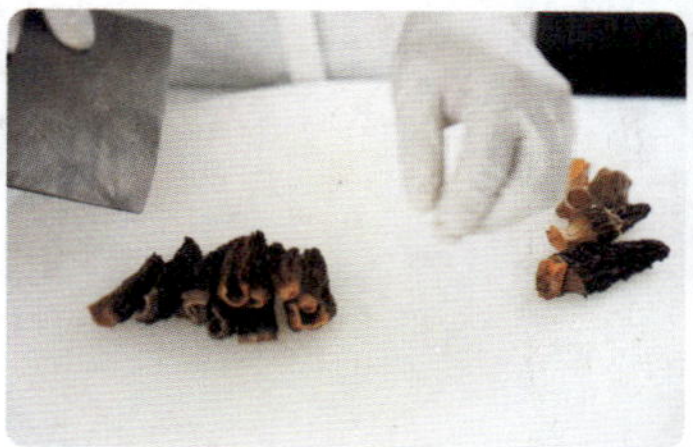
①
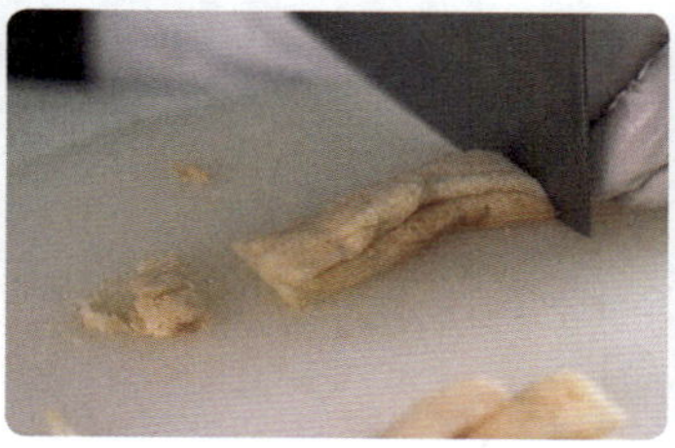
②

③

④

⑤

⑥

① 将羊肚菌冲水洗净，去根后，改刀对半切开，沥干备用，牛肝菌、香菇、白玉菇、杏鲍菇冲水洗净，改刀去根，沥干备用；
② 将泡发好的竹荪改刀去头去根，虫草花改刀，金华火腿改刀切丝，备用；
③ 净锅中加入清水，加入火腿、猪棒骨、葱、姜，大火烧开，撇去浮沫，炖 2 小时，捞出原料，留底汤，备用；
④ 净锅加入底汤，水沸后，加入牛肝菌，煮至成熟，捞出备用，再依次下羊肚菌、杏鲍菇、白玉菇、香菇、竹荪、虫草花、火腿丝，小火炖煮 40 分钟；加入盐、白糖、胡椒粉、鸡精搅拌均匀；
⑤ 捞出，装入盛器；
⑥ 倒入汤汁后，成菜。

注意事项

1. 烩煮过程中的调味要仔细。
2. 控制菌类焯水时间。

70. 玉米仔排煲

操作视频

准备材料

主料： 仔排 400g
辅料： 菠菜 100g、玉米 150g、姜 5g、葱 5g
调料： 盐 5g、料酒 10g、胡椒粉 2g

制作步骤

①

②

③

④

⑤

⑥

① 准备主料、辅料、调料。
② 将玉米改刀切条，葱切段，姜切片，备用；
③ 净锅中加入清水，放葱段、姜片、料酒搅拌均匀，加入仔排，冷水烧开，焯水断生，捞出；
④ 净锅加入清水，加入仔排、玉米，大火烧开，加入盐、胡椒粉调味后，改小火炖煮入味；
⑤ 加入菠菜，将菠菜烫熟；
⑥ 出锅，装入盛器。

注意事项

1. 玉米要选新鲜的嫩玉米。
2. 仔排炖制前要冷水下锅，焯水去腥。

71. 咸肉蒸娃娃菜

操作视频

准备材料

主料： 咸五花肉 200g
辅料： 娃娃菜 300g、葱 5g
调料： 料酒 10g、盐 5g、胡椒粉 2g

制作步骤

①

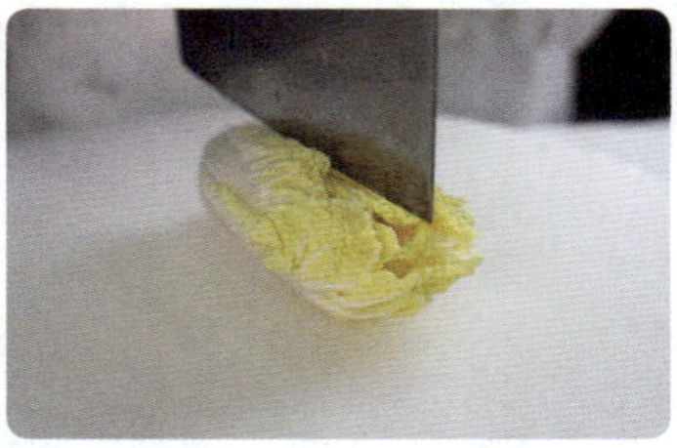
②

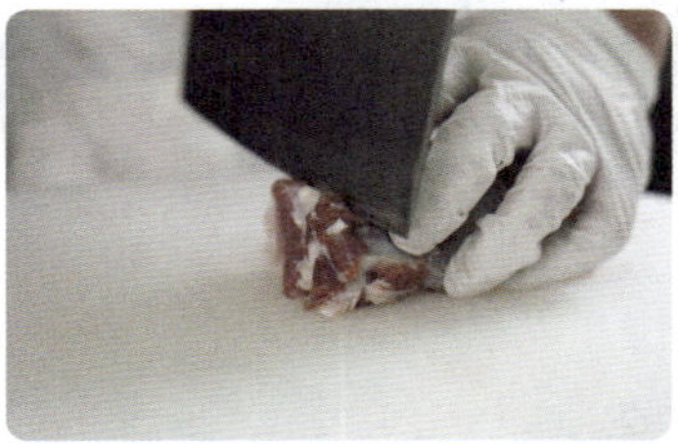
③

④

⑤

⑥

① 准备各种主料、辅料、调料；
② 将娃娃菜冲水洗净，改刀切长段，沥干备用；
③ 将咸五花肉改刀切片，备用；
④ 将娃娃菜铺垫盛器中，放上咸五花肉、葱，放入料酒、盐调味；
⑤ 放入蒸锅蒸 20 分钟，取出；
⑥ 撒入胡椒粉、葱花，成菜。

注意事项

1. 咸肉盐味过重，需要提前用清水泡去部分盐分。
2. 蒸制时间不要过长。

72. 腊肠荷兰豆

操作视频

准备材料

主料：荷兰豆 250g
辅料：腊肠 100g、蒜 5g
调料：盐 15g

制作步骤

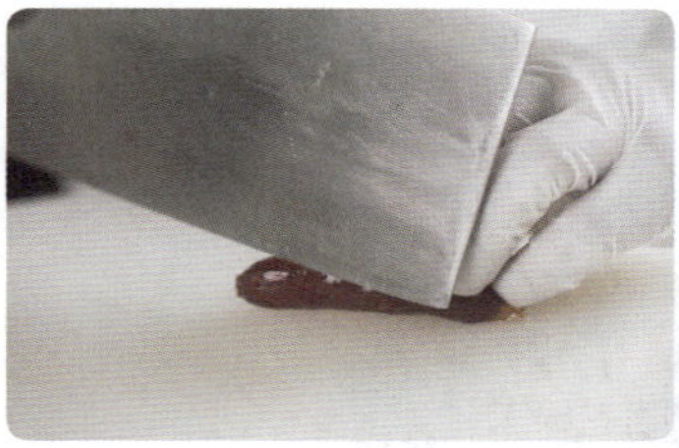
①

②

③

④

⑤

⑥

① 腊肠蒸熟后切片备用；将荷兰豆撕去边角，洗净备用，蒜切片备用；
② 锅中加清水，放少许盐烧开，放入荷兰豆焯水捞出，冲凉备用；
③ 净锅上火，加入清油，加入蒜片、腊肠片炒香；
④ 加入荷兰豆、盐翻炒均匀；
⑤ 熟后出锅；
⑥ 点缀成菜。

注意事项

1. 荷兰豆焯水后，要及时冲凉，保持颜色鲜艳。
2. 腊肠可先蒸熟，增加特殊香味。

73. 鲍汁杏鲍菇

操作视频

准备材料

主料： 杏鲍菇 300g
辅料： 西兰花 100g
调料： 蚝油 20g、酱油 7g、白糖 2g、淀粉 15g、盐 3g

制作步骤

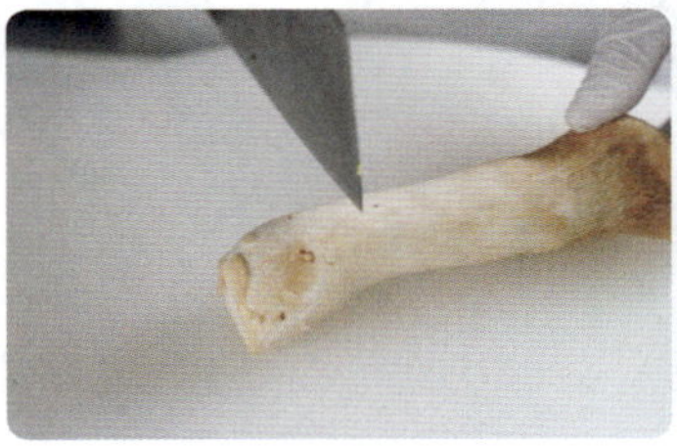

①

②

③

④

⑤

⑥

① 西兰花取菜心，改刀成形，大小一致，备用；将杏鲍菇冲水洗净，改刀切厚片，沥干备用；
② 净锅中加入清水，水煮沸后加入盐，将西兰花焯水至熟，捞出备用；
③ 净锅上火，加入清油，加入西兰花、盐，将西兰花翻炒入味，水淀粉勾芡，摆入盛器；
④ 净锅上火，油温 7 成，加入杏鲍菇片，炸成金黄色捞出，备用；
⑤ 净锅上火，加入清油，加入蚝油、清水、酱油、白糖搅拌均匀，水淀粉勾芡，加杏鲍菇翻炒着色，出锅；
⑥ 摆入盛器中，成菜。

注意事项

1. 杏鲍菇先用肉汤煨制入味。
2. 油炸时温度要高，时间要短。

74. 翡翠山药卷

操作视频

准备材料

主料： 山药 200g
辅料： 菠菜 100g、鸡蛋 3 个
调料： 白糖 25g、奶粉 50g、生粉 100g

制作步骤

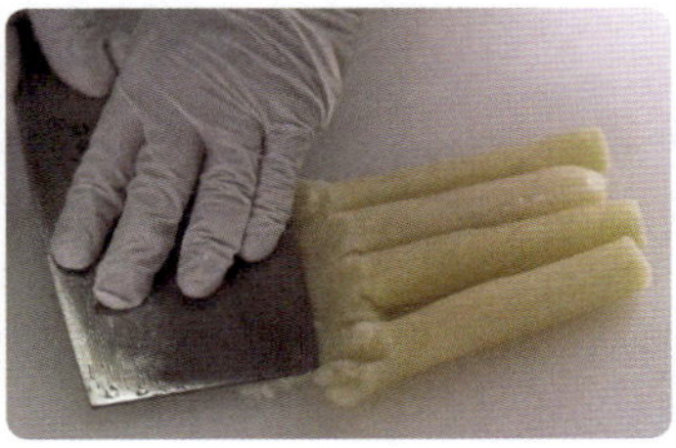

①

②

③

④

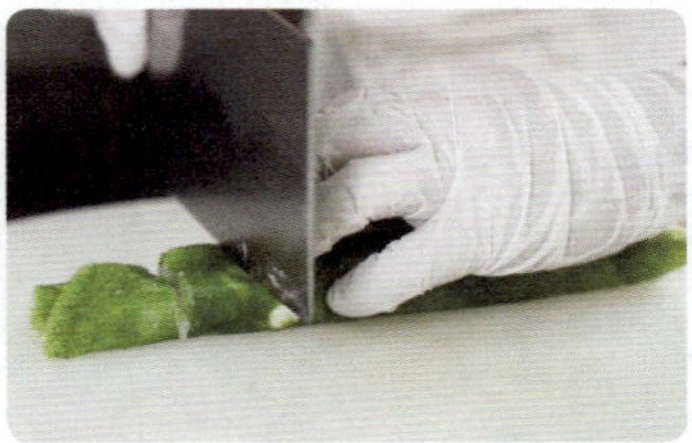

⑤

⑥

① 将山药冲水洗净，改刀削皮切片，装入盛器中，上笼蒸熟，碾成泥状备用；菠菜冲水洗净，沥干水分，放入破壁机打碎成汁，装入盛器中，备用；
② 山药泥中加入白糖、奶粉搅拌均匀；
③ 碗中打入鸡蛋，加入白糖、生粉糊；菠菜汁搅均拌匀，把制好的薄糊用不粘锅煎成翡翠皮料；
④ 将山药泥平铺在翡翠皮料上，卷成直径 5 厘米的卷筒状上锅蒸制 5 分钟；
⑤ 改刀切成段；
⑥ 摆入盛器中，点缀成菜。

注意事项

1. 注意山药卷的制作方法及蒸制的时间。
2. 生粉糊的比例为 2（生粉）：1（水）。

75. 火丁蚕豆

操作视频

准备材料

主料：蚕豆 300g
辅料：火腿 50g
调料：料酒 3g、白糖 4g、盐 2g、鸡精 2g

制作步骤

①

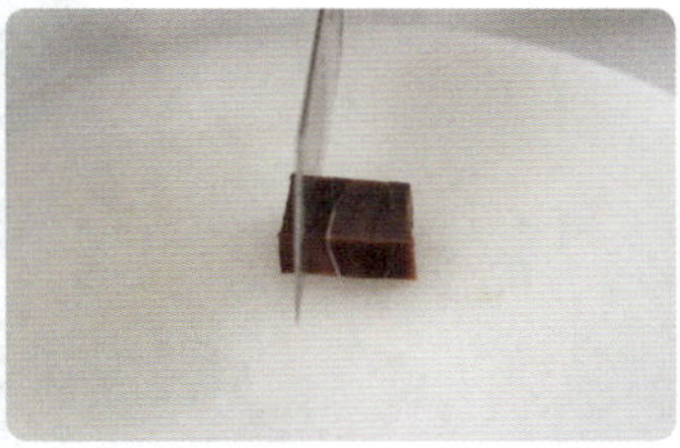
②

③

④

⑤

⑥

① 准备制作本菜品的主料、辅料、调料；
② 将火腿冲水洗净，改刀切丁，备用；
③ 净锅上火，加入清油，蚕豆过油炸熟，捞出备用；
④ 净锅上火，加入清油，加入火腿丁炒香，加入蚕豆，再加入料酒、鸡精、白糖翻炒入味；
⑤ 放入盐调味，翻炒均匀；
⑥ 出锅，装入盛器，成菜。

注意事项

1. 蚕豆过油时需炸透。
2. 火腿肉咸味较重，调味时少放盐。

76. 虾籽鞭笋

操作视频

准备材料

主料： 鞭笋 400g
辅料： 虾籽 40g、菜心 150g
调料： 白糖 10g、酱油 15g、香油 10g、盐 2g、淀粉适量

制作步骤

①

②

③

④

⑤

⑥

① 将鞭笋冲水洗净，切去老根，改刀切片（或者长形的滚刀块），备用；
② 净锅上火，加入清油，加入鞭笋，翻炒至表面微黄，再放入虾籽翻炒均匀；
③ 放入酱油、白糖、盐、清水焖烧 10 分钟，大火收汁，水淀粉勾芡，出锅，淋香油；
④ 净锅加入水，菜心焯水断生，捞出；
⑤ 菜心垫在盛器底；
⑥ 将鞭笋盛在菜心上，成菜。

注意事项

1. 选用鲜嫩的鞭笋。
2. 选用优质虾籽。

77. 手捏菜蘑菇肉片

操作视频

准备材料

主料：里脊肉 200g、口蘑 100g
辅料：青菜 150g
调料：盐 4g、淀粉 10g、料酒 20g、糖 5g

制作步骤

①

②

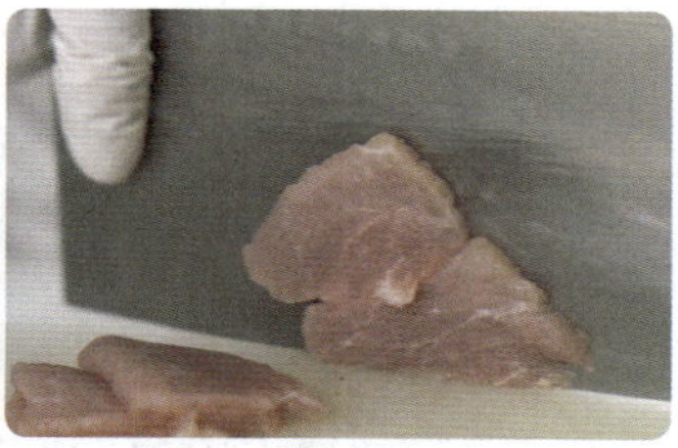

③

④

⑤

⑥

① 准备制作本菜品的主料、辅料、调料；
② 青菜改刀切段，叶子去掉一部分，用盐腌渍，备用；
③ 里脊肉改刀切片，装入盛器中，加入料酒、水淀粉上浆，顺时针搅拌均匀，口蘑切片备用；
④ 净锅上火，加入清油，加入肉片炒香，加入青菜、口蘑翻炒均匀；
⑤ 加入盐、糖调味，水淀粉勾芡，淋油；
⑥ 出锅，装入盛器，成菜。

注意事项

1. 手捏菜心要控制盐量，避免过咸。
2. 肉片裹汁要紧，肉片要滑嫩。

78. 爆腌钱江大白条

操作视频

准备材料

主料：钱江大白条 1000g 以上
辅料：姜 30g、葱 30g、红椒 1 个
调料：盐 8g、料酒 25g

制作步骤

①

②

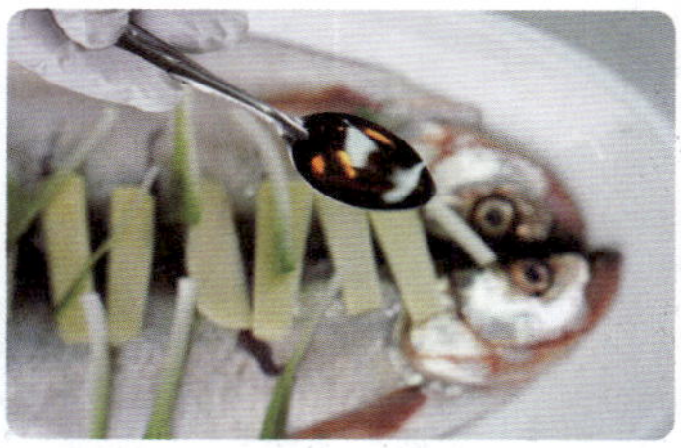
③

④

⑤

⑥

① 将钱江大白条宰杀，冲水洗净，改刀沿脊骨一分为二，在鱼肉上打上斜刀纹，沥干备用；
② 将盐、胡椒粉、料酒、葱段、姜片抓拌出香味后，涂抹在鱼身上，腌制 10 分钟；
③ 将钱江大白条摆在盛器中，摆上葱、姜片，淋上料酒；
④ 放入蒸笼中，旺火蒸 8 分钟，取出；
⑤ 撒入葱丝、姜丝、红椒丝；
⑥ 浇响油，成菜。

注意事项

1. 注意改刀方法，使其蒸制时成熟一致。
2. 腌制的时间不超过 10 分钟。

79. 乾隆鱼头

操作视频

准备材料

主料：鲢鱼头 1 个（1000g）
辅料：豆腐 500g、青蒜 50g、姜 15g、葱 15g、蒜 25g
调料：盐 3g、白糖 3g、蚝油 20g、料酒 20g、大红浙醋 5g、酱油 20g

制作步骤

①

②

③

④

⑤

⑥

① 将豆腐改刀切长方形块，青蒜改刀切段，葱改刀切段，姜改刀切片，备用；
② 将鲢鱼头去鳞去鳃后，对半剖开（但不切断），改刀切花刀，冲水洗净，沥干备用；
③ 净锅上火，加入清油，加入豆腐、鲢鱼头分别煎至浅黄，分别捞出备用；
④ 净锅上火，加入清油，加入姜片、蒜炒香，加入蚝油、清水、料酒、酱油、大红浙醋、盐搅拌均匀；
⑤ 取大砂锅，放入鱼头、豆腐，倒入煮好的汤汁，大火煮开后，转小火煮 45 分钟；
⑥ 放入青蒜段、葱段出锅成菜。

注意事项

1. 鱼头下锅要热锅旺油，煎时掌握好火候，防止煎焦。
2. 切取鱼头时要连一截鱼肉。

80. 古法香酥鸭

操作视频

准备材料

主料：麻鸭 1 只
辅料：花椒 50g、干辣椒 50g、八角 50g
调料：盐 300g、胡椒粉 50g

制作步骤

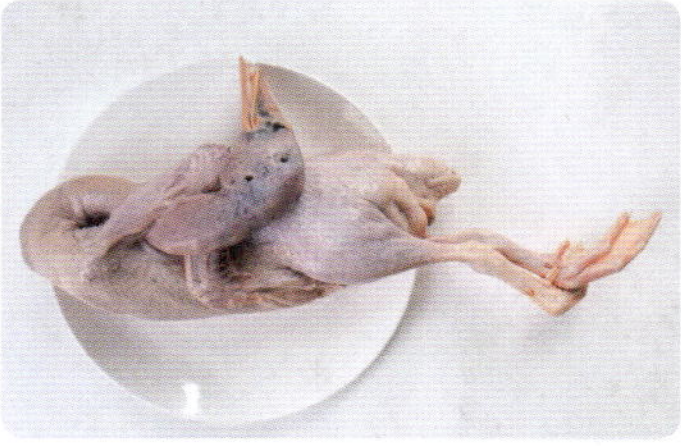
①

②

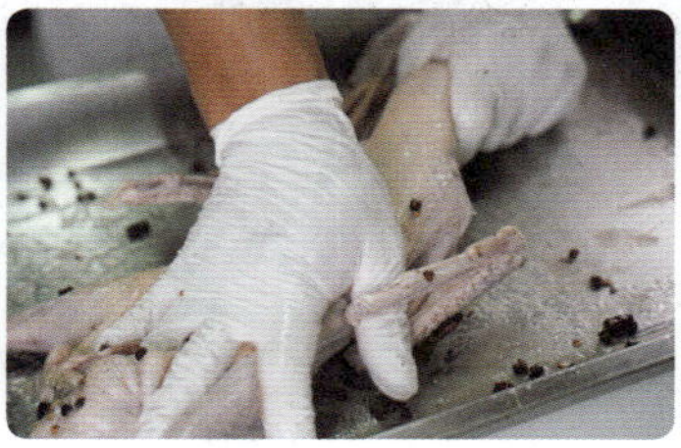
③

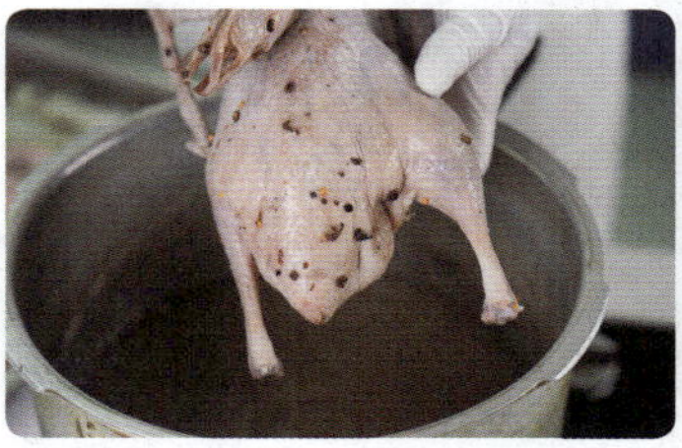
④

⑤

⑥

① 将麻鸭冲水洗净，沥干备用；
② 净锅上火，加入盐，炒热后，放入花椒、干辣椒、八角炒香，倒出放凉，成花椒盐；
③ 将花椒盐均匀涂抹在麻鸭表面，按摩使麻鸭入味，腌制 12 小时；
④ 放入高压锅压 18 ～ 20 分钟至麻鸭酥烂，捞出；
⑤ 净锅上火，7 成油温，麻鸭炸至酥脆金黄，捞出，然后提住麻鸭颈部，反复淋油，直至麻鸭表皮起皱；
⑥ 装入盛器，撒入胡椒粉。

注意事项

1. 选用肉质好的麻鸭，前期腌制要入味。
2. 一定要熟制酥而不烂，高油温炸制效果最佳。

81. 宫爆牛仔骨

操作视频

准备材料

主料： 牛仔骨 450g
辅料： 红椒 20g、葱 20g、去皮花生 50g，蒜 10g、姜 10g
调料： 盐 2g、泡红椒 15g、白糖 5g、料酒 5g、淀粉 50g

制作步骤

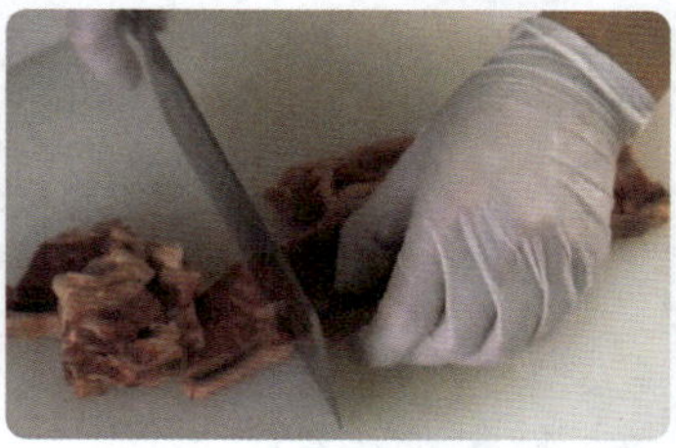
①

②

③

④

⑤

⑥

① 将牛仔骨洗净后改刀成块，红椒切丁，葱切小段；
② 将牛仔骨装入盛器中，加入料酒、盐、淀粉上浆，搅拌均匀；
③ 净锅上火，油温 5 成，加入牛仔骨，炸至成熟，捞出备用；
④ 净锅上火，加入清油，加入蒜末、姜末、红椒丁、料酒、白糖、葱、泡红椒粒翻炒出香味；加入牛仔骨，翻炒均匀；
⑤ 加入去皮花生，淋入油；
⑥ 出锅，装入盛器，成菜。

注意事项

1. 选择新鲜的牛仔骨，用水漂洗，去血水去腥，腌制入味。
2. 烹调时要紧汁亮芡。

82. 钱江口水鱼

操作视频

准备材料

主料： 鳜鱼 500g
辅料： 丝瓜 100g、西红柿 100g、蛤蜊 50g
调料： 盐 3g、鸡精 2g、辣椒油 50g、胡椒粉 20g

制作步骤

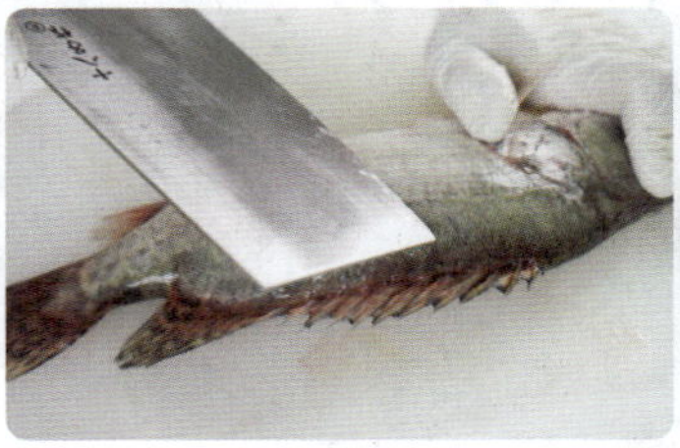
①

②

③

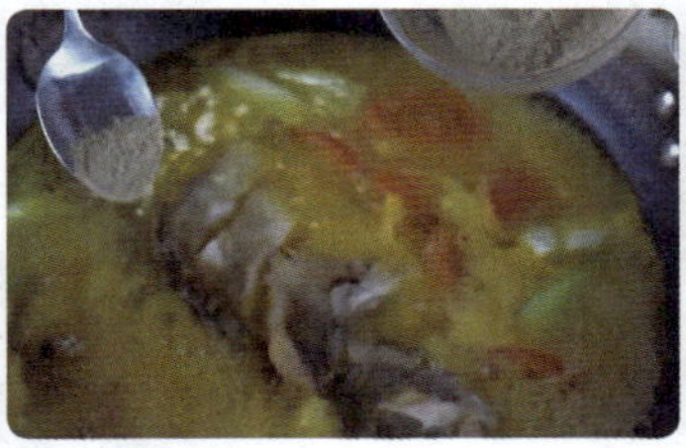
④

⑤

⑥

① 将鱼冲水洗净，宰杀后，清洗干净，表面改一字刀口，沥干备用；丝瓜改刀切滚刀块，西红柿去皮改刀切块，备用；
② 净锅上火，放入清油，加入鳜鱼煎至两面金黄；
③ 加入开水，煮至汤汁奶白色时，加入丝瓜块、西红柿块煮熟；
④ 放入盐、鸡精、辣椒油、胡椒粉调搅拌均匀；
⑤ 净锅加入水，加入蛤蜊焯水焯熟，使其开口，沥干备用；
⑥ 鱼汤出锅盛入容器，将蛤蜊放入汤中，成菜。

注意事项

1. 鱼宰杀时一定要处理干净。
2. 煮制过程必须加开水，汤色才会迅速变白。
3. 蛤蜊焯水须沸水下锅。

83. 一品鱼头皇

操作视频

准备材料

主料：鳙鱼头 1500g
辅料：葱 10g、姜 10g、老豆腐 100g、香菇 25g、鲜虾 50g
调料：盐 5g、猪油 30g

制作步骤

①

②

③

④

⑤

⑥

① 将所有原料冲水洗净，葱切段，姜切片，香菇改十字花刀，老豆腐切厚片改刀，备用；
② 净锅上火，加入清油，加入鱼头煎至金黄，捞出备用；
③ 砂锅中加入猪油、葱、姜，炒香，加入鲜虾、香菇、清水、老豆腐焖煮；
④ 捞出鲜虾、香菇、老豆腐、葱、姜后，大火煮开放入鱼头烧开，至汤色变白；
⑤ 转小火炖煮入味，再放入鲜虾、香菇、清水、老豆腐、葱、姜，放入盐调味，焖煮至入味；
⑥ 装入盛器中，点缀葱丝，成菜。

注意事项

1. 鱼头一定要洗净血水，去腥。
2. 盐要后放，才可使汤色奶白。

84. 宁式鳝丝

操作视频

准备材料

主料：拆骨熟鳝丝 400g
辅料：冬笋 100g、韭黄 50g、葱 5g、姜 10g
调料：料酒 15g、酱油 15g、白糖 10g、盐 3g、胡椒粉 1g、淀粉 10g

制作步骤

①

②

③

④

⑤

⑥

① 将韭黄改刀切成段，冬笋改刀切丝，姜切丝，葱切葱花，备用；
② 净锅加入清油，加入鳝丝、姜丝、冬笋、料酒炒香；
③ 放入韭黄翻炒；
④ 放入酱油、白糖、盐、胡椒粉翻炒均匀；
⑤ 水淀粉勾芡，装入盛器；
⑥ 撒上葱花、胡椒粉后，浇热油，成菜。

注意事项

1. 炒制这道菜火候应适中，不宜过小。
2. 韭黄入锅不宜过早。

85. 香酥蹄膀

操作视频

准备材料

主料： 蹄膀 800g
辅料： 葱 100g、姜 100g
调料： 辣椒 50g、料酒 50g、盐 50g、胡椒粉 100g

制作步骤

①

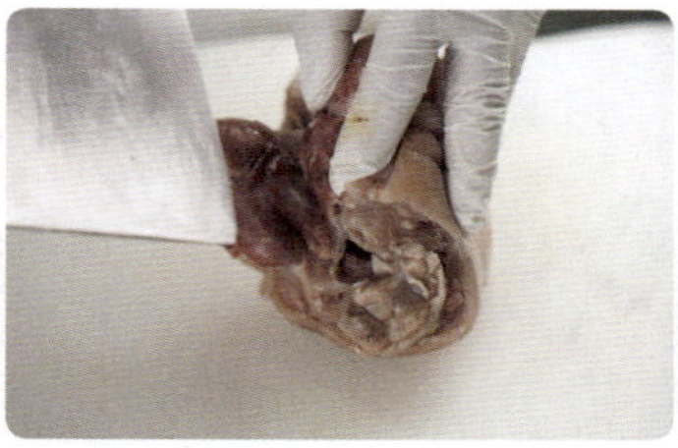
②

③

④

⑤

⑥

① 准备制作本菜品的主料、辅料、调料；
② 将蹄膀改刀沿蹄膀肉质厚实处开一刀，使其容易入味，使骨肉相对分离；
③ 将蹄膀放入高压锅中，加入葱、姜、料酒、盐、辣椒搅拌均匀，大火烧开，上气 22 分钟后，关火放气，捞出，去骨留肉，备用；
④ 净锅上火，油温 7 成，加入蹄膀肉炸制，炸至外酥里嫩、表皮金黄捞出；
⑤ 将炸好的蹄膀改刀切片，摆入盛器中；
⑥ 撒上胡椒粉，成菜。

注意事项

1. 蹄膀在烹制前需洗净，泡出血水，保证口感和卫生。
2. 炸制时注意安全，外壳酥脆即可出锅。

86. 松子鲈鱼

操作视频

准备材料

主料： 鲈鱼 750g
辅料： 松子仁 20g、虾仁 20g、青豆 20g
调料： 盐 5g、番茄沙司 60g、白糖 30g、白醋 20g、淀粉适量、料酒 10g

制作步骤

①

②

③

④

⑤

⑥

① 将鲈鱼宰杀，冲水洗净，斩下鱼头，平刀取肉，将鱼肉改刀十字形花刀，加入料酒、盐搅拌均匀腌制，备用；
② 青豆焯水断生、松子仁过油炒熟，虾仁过油炸熟；
③ 净锅上火，油温 8 成热，将鱼肉裹上淀粉，放入油锅中炸至色泽金黄，捞出，摆入盛器中，定成松鼠形；
④ 净锅上火，加入清油，加入番茄沙司、白糖、白醋、盐、淀粉熬成酸甜汁；
⑤ 在定形的松鼠形鱼上浇上酸甜汁，撒上熟松子仁、熟虾仁、熟青豆；
⑥ 点缀成菜。

注意事项

1. 掌握花刀的正确方法，使菜肴形态逼真美观。
2. 注意炸制时的油温和酸甜汁的调制方法。

87. 蟹粉扒鱼圆

操作视频

准备材料

主料： 鱼泥 300g
辅料： 蟹粉 50g、甜豆 15g、姜 2g
调料： 盐 7g、料酒 3g、淀粉适量

制作步骤

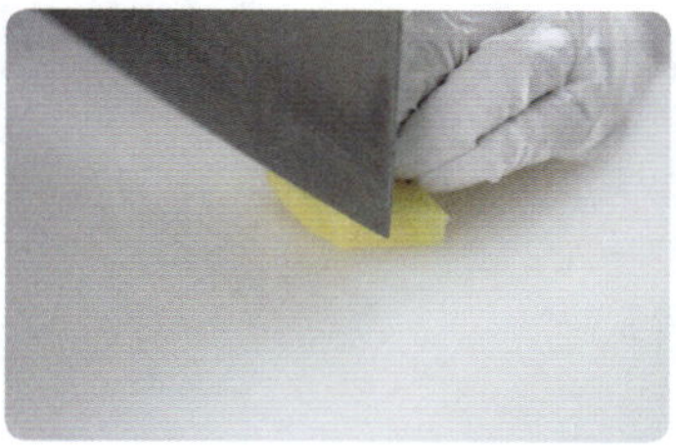
①

②

③

④

⑤

⑥

① 原料冲水洗净，姜切丝，备用；
② 将鱼泥放入碗内，加入盐、姜水、清水，顺时针搅打上劲，加入油，再搅拌上劲，静置备用；
③ 净锅中加入清水，水快沸时，将鱼泥挤成丸子，入清水中，小火养熟，捞出装入盛器；
④ 净锅加入水，加入甜豆，焯水断生，备用；
⑤ 净锅上火加入清油，加入姜末炒香，加入蟹粉、料酒、盐、甜豆，水淀粉勾芡，淋入油；
⑥ 出锅，浇淋在鱼圆上；成菜。

注意事项

1. 打制鱼茸时需要控制好水量和盐量。
2. 鱼丸煮制时要温水下锅，不能沸腾。

88. 孜然扒羊排

操作视频

准备材料

主料： 羊排 500g
辅料： 葱 20g、姜 20g、蒜 20g、洋葱 50g、香叶 2g、八角 2g、桂皮 2g、豆蔻 2g、小茴香 2g、良姜 2g、白芷 2g、草果 2g、花椒 2g
调料： 蒜粉 6g、孜然粉 50g、盐 5g

制作步骤

①

②

③

④

⑤

⑥

① 净锅加入水，将羊排改刀成块，放入水中，放入葱、姜，焯水断生，捞出备用；
② 净锅上火，加入清水、香叶、八角、桂皮、豆蔻、小茴香、良姜、白芷、草果、花椒和料酒，再加入羊排炖煮，将羊排煮熟，捞出，沥干备用；
③ 净锅上火，加入清油，加入煮好的羊排，粘上适量的蒜粉，炸至结壳，捞出；
④ 净锅上火，加入清油，加入洋葱、葱姜蒜末炒香；
⑤ 加入炸好的羊排，加入孜然粉翻炒均匀；
⑥ 摆入盛器，点缀葱丝，成菜。

注意事项

1. 油温不要太高。
2. 卤制过程调味要淡一点。
3. 羊排改刀要均匀。

89. 风干肉莴笋干

操作视频

准备材料

主料： 风干肉 250g
辅料： 葱 15g、姜 15g、蒜薹 50g、莴笋干 150g
调料： 酱油 10g、香油 10g、料酒 10g

制作步骤

①

②

③

④

⑤

⑥

① 准备制作本菜品的主料、辅料、调料；
② 所有原料改刀成形，风干肉切片，蒜薹切段过油，姜切条，备用；
③ 净锅加入油，加入葱、姜、风干肉；
④ 锅中加入料酒、酱油，炒出香味；
⑤ 加入泡好的莴笋干，加入清水，大火烧开，转小火煨熟；
⑥ 加入蒜薹，淋上香油，成菜。

注意事项

1. 煨的时候要注意火候。
2. 风干肉本身有一定的咸味，调味时应注意适量减少盐的用量。

90. 外婆小牛肉

操作视频

准备材料

主料： 牛肉 250g
辅料： 鸡蛋 1/4 个、黄瓜 2 根、葱 10g、姜 10g
调料： 盐 1g、黑胡椒 8g、料酒 2g、白糖 5g、老抽 10g、淀粉 15g、小苏打 2g、椒盐 10g

制作步骤

①

②

③

④

⑤

⑥

① 准备制作本菜品的主料、辅料、调料；
② 将牛肉改刀切粒，加入盐、椒盐、料酒、白糖、老抽、淀粉、葱姜水、鸡蛋液、小苏打码味上浆搅拌均匀，备用；
③ 黄瓜改刀切条，黄瓜条垫在盛器中，姜切片；
④ 净锅上火，加入清油，油温 3～4 成，加入牛肉粒滑熟，捞出，沥油备用；
⑤ 净锅上火，加入清油，加入姜片炒香，加入滑好的牛肉粒，加入黑胡椒、白糖、老抽翻炒均匀，淋入水淀粉勾芡，淋油；
⑥ 出锅，装入盛器，点缀成菜。

注意事项

1. 建议选用新鲜的牛里脊，口感更加鲜嫩。
2. 掌握好火候和时间，避免牛肉煮老。
3. 芡汁不宜过厚。

91. 杭味炒腰花

操作视频

准备材料

主料： 猪腰 200g
辅料： 笋 50g、香菇 50g、韭黄 30g、洋葱 30g
调料： 盐 2g、料酒 6g、白糖 5g、酱油 8g、淀粉适量

制作步骤

①

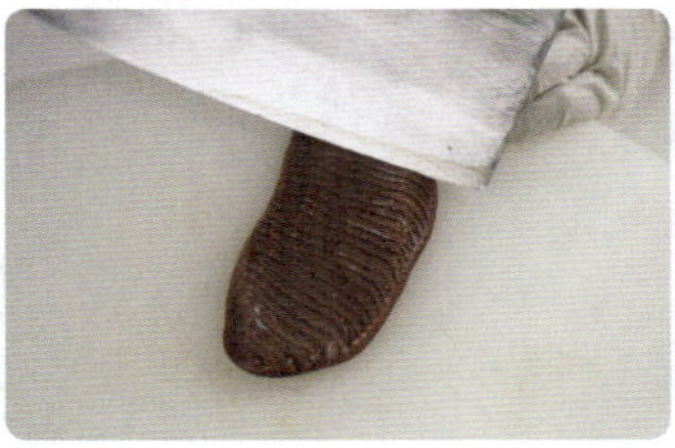

②

③

④

⑤

⑥

① 准备制作本菜品的主料、辅料、调料；
② 将猪腰片去除腰骚，改刀剞麦穗花刀，洗净血水，将腰花用盐、料酒腌制，备用；笋改刀切长方片，香菇改刀切片，洋葱改刀切丝，韭黄改刀切段，备用；
③ 净锅上火，加入清油，油温 4 ～ 5 成时，加入腰花滑熟，倒出沥油，备用；
④ 净锅上火，加入清油，加入洋葱炒香，加入香菇、笋片，加入酱油翻炒着色；
⑤ 加入猪腰片，加入料酒、盐、白糖翻炒入味；
⑥ 加入韭黄段，水淀粉勾芡，出锅，成菜。

注意事项

1. 腰骚要去净，否则影响口味。
2. 刀工要均匀，否则成熟不一致。

92. 开心蚕豆

准备材料

主料： 新鲜蚕豆 500g
辅料： 八角 8g、桂皮 10g、香叶 10g、花椒 10g、姜 5g、葱 50g
调料： 盐 3g、酱油 15g、鸡精 5g、蚝油 5g、白糖 10g

制作步骤

①

②

③

④

⑤

⑥

① 净锅中加入水，加入葱、姜、八角、桂皮、香叶、花椒，放入盐、鸡精、白糖搅拌均匀，成咸鲜味；
② 大火烧开，加入蚕豆煮 5 分钟，关火，静置使蚕豆浸泡入味后，捞出蚕豆，去除香料，备用；
③ 净锅上火，加入清油，7 成油温，加入蚕豆，炸至蚕豆开口，外酥里嫩，捞出，沥油备用；
④ 净锅上火，加入清油，加入葱炒香，加入盐、酱油、鸡精、蚝油、白糖翻炒均匀；
⑤ 加入炸好的蚕豆，大火翻炒；
⑥ 盛入器皿中，成菜。

注意事项

1. 注意烧制烹调的时间。
2. 主料、配料要合理搭配，调料比例要掌握好。

93. 一品粉丝煲

操作视频

准备材料

主料： 粉丝 300g
辅料： 扇贝丁 50g、香芹 20g、洋葱 20g
调料： 鸡精 5g、酱油 10g、味精 5g、红油 10g、XO 酱 10g、盐 5g、蚝油 10g、白糖 5g

制作步骤

①

②
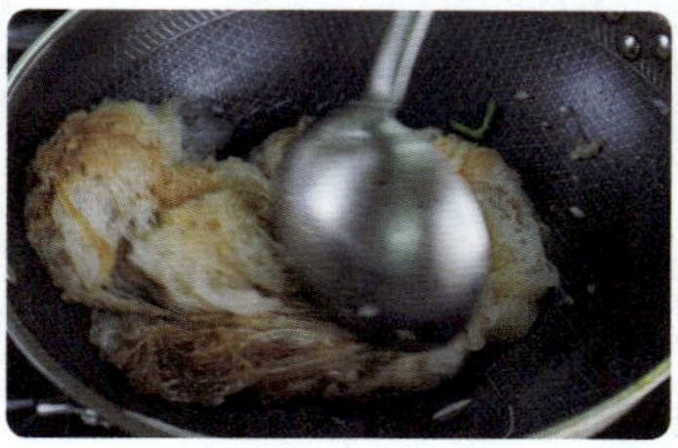
③

④

⑤

⑥

① 所有原料冲水洗净，粉丝装入盛器中，加入水浸泡至软化，备用；
② 洋葱改刀切碎，香芹改刀切碎，备用；
③ 净锅上火，加入油，加入洋葱碎、粉丝小火翻炒均匀，放酱油、蚝油、鸡精、味精、盐、白糖、XO 酱翻炒均匀，待粉丝均匀入味后，淋红油；
④ 撒入扇贝丁、香芹碎大火翻炒均匀；
⑤ 装入盛器，再点缀 XO 酱；
⑥ 成菜。

注意事项

1. 在烹制时注意控制油的用量，避免影响口味。
2. 香芹和洋葱改刀一定要碎。

94. 什锦砂锅

准备材料

主料： 牛肉丸 100g、老豆腐 100g、娃娃菜 100g、河虾 50g、香菇 50g、胡萝卜 50g、蛋饺 50g
辅料： 葱 10g、姜 10g、高汤 500g
调料： 盐 5g

制作步骤

①

②

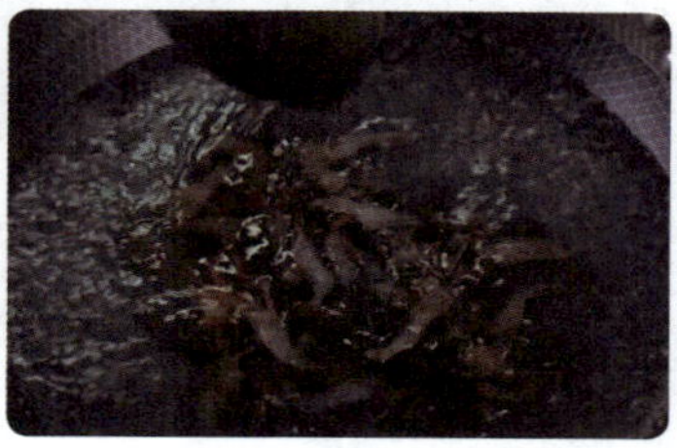
③

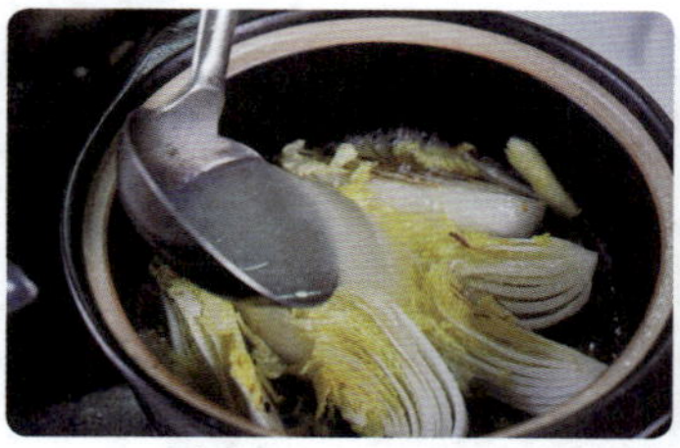
④

⑤

⑥

① 原料冲水洗净，沥干备用；
② 将老豆腐改刀切厚片，胡萝卜改刀切菱形片，娃娃菜改刀切长条，备用；
③ 净锅加入清水，将河虾、老豆腐、香菇分别焯水断生，分别捞出，沥干备用；
④ 砂锅中加入油，加入葱、姜炒出香味，加入娃娃菜翻炒均匀，加入高汤，加入盐搅拌均匀，大火烧开；
⑤ 放入老豆腐、蛋饺、香菇、牛肉丸、胡萝卜片、河虾，中小火炖至入味；
⑥ 撒入葱花，成菜。

注意事项

1. 煮的过程中调味要均匀。
2. 控制焯水时间。

95. 香干肉丝

操作视频

准备材料

主料： 猪里脊肉 150g、香干 50g
辅料： 葱 5g、韭黄 100g
调料： 老抽 5g、白糖 3g、料酒 10g、生抽 5g、盐 2g

制作步骤

①

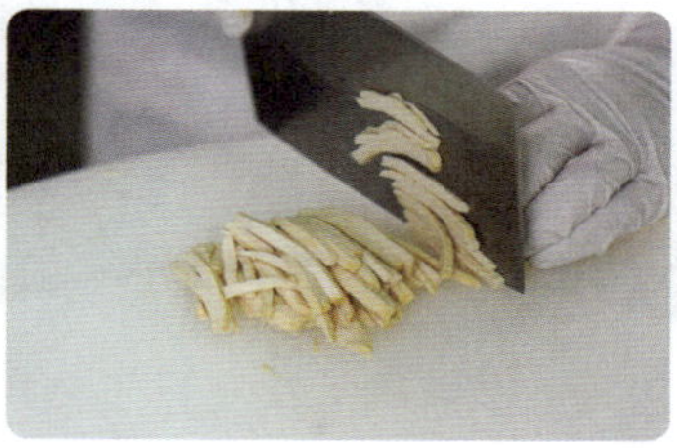
②

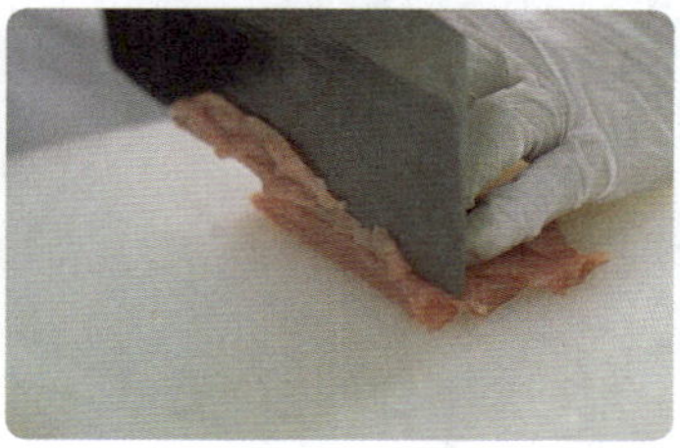
③

④

⑤

⑥

① 原料冲水洗净，沥干备用；
② 将香干改刀切丝、韭黄改刀切段、葱白改刀切段，备用；
③ 将里脊肉改刀切成粗细均匀的肉丝，冲水洗净血水，沥干水分，装入盛器中备用；
④ 净锅上火，加入油，加入香干和肉丝翻炒均匀，加入白糖、料酒、老抽、生抽、盐翻炒均匀，着色，出香；
⑤ 加入韭黄段翻炒均匀；
⑥ 出锅，装入盛器中，撒上葱花，成菜。

注意事项

1. 肉丝改刀要均匀。
2. 炒制时要用中火烹调。

96. 玉耳山药

操作视频

准备材料

主料： 山药 300g、水发白木耳 150g
辅料： 葱 5g、红椒 20g
调料： 盐 2.5g、香油 5g、淀粉 5g、味精 2.5g

制作步骤

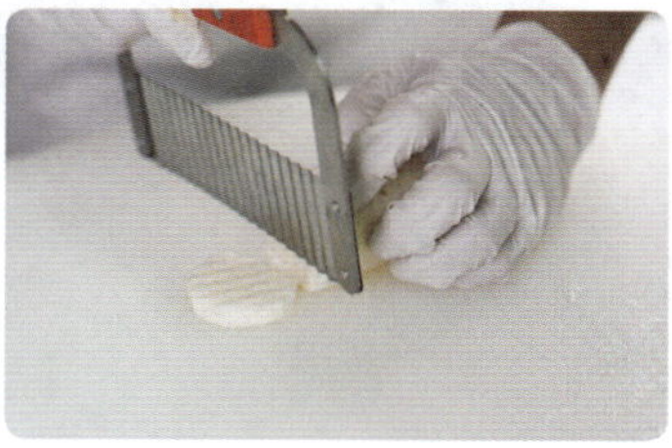

①

②

③

④

⑤

⑥

① 山药切片，备用；
② 将红椒改刀切菱形片，白木耳改刀成块，葱改刀切段，备用；
③ 净锅中加入清水，水沸后，加入盐，加入山药片、白木耳焯水断生，捞出备用；
④ 净锅上火，加入清油，加入葱段、红椒片炒香，加入山药、白木耳翻炒均匀，加入水、盐、味精翻炒均匀；
⑤ 水淀粉勾芡，淋香油；
⑥ 出锅，装入盛器，成菜。

注意事项

1. 山药切好后要用清水浸泡，防止变色。
2. 调味要清淡。

97. 面包诱惑

操作视频

准备材料

主料：吐司 300g
辅料：南瓜 500g、芝士 300g
调料：白糖 15g

制作步骤

①

②

③

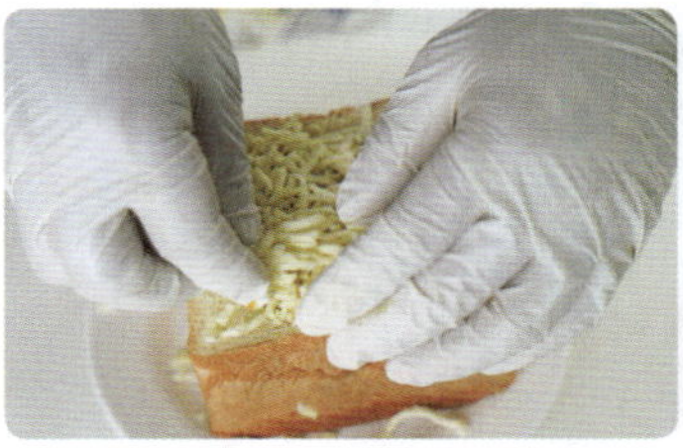
④

⑤

⑥

① 将南瓜削皮，去除内瓤，改刀切成薄片，装入盛器中，放入蒸箱蒸至软糯；
② 沿着吐司边缘，挖出方形的空间，备用；
③ 将蒸熟的南瓜取出，加入芝士、白糖，搅拌均匀；
④ 将拌好的南瓜泥填入吐司中，抹平，再撒上芝士；
⑤ 将加工好的吐司胚放入烤箱，用 180℃烤制 15 分钟，取出；
⑥ 用喷火枪将表面的芝士烤至焦黄，成菜。

注意事项

1. 冷冻过的吐司比较好切，尽量切出直角。
2. 加工吐司时不要挖穿。

98. 雪菜烧河蚌

操作视频

准备材料

主料：净河蚌肉 500g
辅料：雪菜 70g、嫩南瓜 100g、姜片 25g、葱白 20g
调料：盐 4g、料酒 5g、胡椒粉 1g

制作步骤

①

②

③

④

⑤

⑥

① 将嫩南瓜改刀切厚片，雪菜改刀剁细，备用；
② 将河蚌肉去除腮，冲水洗净，用木棒将蚌肉四周敲松散，装入盛器中，加入清水、料酒、姜片，放入高压锅，煮十五分钟至熟，取出放凉，改刀切块，原汤备用；
③ 净锅上火，加入猪油，加入雪菜、姜片、葱白、嫩南瓜片炒出香味；
④ 加入蚌肉、料酒，加入蚌肉原汤，中火炖煮，最后加入盐、胡椒粉搅拌均匀，大火收汁；
⑤ 出锅，装入盛器；
⑥ 点缀成菜。

注意事项

1. 河蚌要洗干净。
2. 蚌肉四周要用木棒敲松散。
3. 蚌肉要用高压锅煮至熟。

99. 干菜四季豆

操作视频

准备材料

主料：四季豆 250g
辅料：葱 10g、姜 10g、蒜 10g、五花肉末 25g、干菜 20g
调料：盐 5g、味精 5g、料酒 6g、酱油 6g

制作步骤

①

②

③

④

⑤

⑥

① 将四季豆冲水洗净，改刀切段，沥干备用；姜改刀切丝，蒜改刀切末，备用；
② 净锅上火，加入宽油，加入四季豆过油，捞出，沥油备用；
③ 净锅上火，加入清油，加入姜、蒜、葱、五花肉末，加入酱油、料酒翻炒均匀；
④ 加入干菜炒出香味；
⑤ 加入四季豆翻炒均匀，加入盐、味精翻炒均匀；
⑥ 出锅，装入盛器。

注意事项

1. 四季豆油炸时间要控制好。
2. 四季豆炒制时注意火候的把控。

100. 糟熘虾仁

操作视频

准备材料

主料： 虾仁 250g
辅料： 甜豆 20g、葱 30g、姜 30g
调料： 盐 2g、蛋清 10g、香糟汁 50g、淀粉 12g、猪油 20g

制作步骤

①

②

③

④

⑤

⑥

① 将冲水洗净的虾仁装入盛器中，加入盐、香糟汁、蛋清、淀粉抓拌均匀，备用；
② 净锅上火，加入清油，3 成热时，加入虾仁，滑油断生，捞出备用；
③ 净锅加入清水，加入甜豆，焯水断生，捞出备用；
④ 净锅上火，加入猪油，加入葱、姜，加入虾仁，翻炒均匀；
⑤ 加入盐、水淀粉勾芡，翻炒均匀；
⑥ 淋入油，装入盛器，撒上甜豆点缀，成菜。

注意事项

1. 油温三成，滑入虾仁。
2. 勾芡时芡汁要薄。